新时代中华传统文化知识丛书

中华天文历法

李燕　罗日明　主编

应急管理出版社
·北京·

图书在版编目（CIP）数据

中华天文历法／李燕，罗日明主编. --北京：应急管理出版社，2024

（新时代中华传统文化知识丛书）

ISBN 978-7-5237-0081-5

Ⅰ. ①中… Ⅱ. ①李… ②罗… Ⅲ. ①古历法—中国 Ⅳ. ①P194.3

中国国家版本馆CIP数据核字（2023）第234438号

中华天文历法（新时代中华传统文化知识丛书）

主　　编　李　燕　罗日明
责任编辑　郑　义
封面设计　薛　芳

出版发行　应急管理出版社（北京市朝阳区芍药居35号　100029）
电　　话　010-84657898（总编室）　010-84657880（读者服务部）
网　　址　www.cciph.com.cn
印　　刷　天津睿意佳彩印刷有限公司
经　　销　全国新华书店

开　　本　710mm×1000mm 1/16　**印张**　9　**字数**　100千字
版　　次　2024年7月第1版　2024年7月第1次印刷
社内编号　20231300　**定价**　39.80元

序言

在我国历史典籍中，“天文”一词早已存在。《周易·贲卦》言：“观乎天文，以察时变。”《周易·系辞》中记载：“仰以观于天文，俯以察于地理，是故知幽明之故。”

作为四大文明古国之一，我国天文历法的历史可谓极其悠久。历法与农耕紧密相连，在我国农业一直居于主导地位，而农耕活动又离不开天文与历法的指导。

与西方历法不同，我国的天文历法有三个特别之处。

一是长期采用回归年与朔望月结合的阴阳合历。由殷墟出土的甲骨文卜辞可知，早在商王武丁时期的历法中，便已采用月有大小、年有平闰的阴阳合历。此后直到清朝末年，阴阳合历在我国天文历法史上一直占有主体地位。

二是创造了世界上独一无二的二十四节气。二十四节气是在四时八节的基础上发展起来的，商周时期已有四时（春夏秋冬四个季节）之分；春秋战国时期已存在立春、春分、立夏、夏至、立秋、秋分、立冬、冬至八个节气；至战国晚期，已经形成完整的二十四节气。

三是采用干支计时法来推算时间。干支指的是十天干和十二地支，以天干和地支进行组合，可构成六十甲子，无论是纪年、纪月、纪日还是纪时，都可以按照六十甲子的顺序展开。殷墟卜辞显示，我国人民早在三千多年前就已经熟练地使用天干地支了。从西汉末年起，我国一直以干支纪年，从未间断。

自商周时期至清朝末年，我国是当时世界上天文历法最发达的国家。我国历法几经改制，制历超过百家。

天文与历法是中国古代文明的一部分，我们每个人都应该对我国的天文历法有一个大致的了解。基于此，我们编写了这本天文历法的科普书。

本书分为六个章节，比较全面地介绍了我国古代天文历法知识。希望读者通过阅读这本书，了解我国古代天文历法的演变与发展。

目 录

第一章 古代天文历法

第二章 古代天文学常识

第三章　古代历法常识

第四章　各个时期的天文历法成就

第五章　古代天文仪表

第六章　古代少数民族的天文历法

第一章

古代
天文历法

一、天文学与古历法

我国古代历法的研究与天文研究是息息相关的，也可以说，古代的天文研究就是为制定历法服务的。

《尚书·尧典》这样解释“历法”：“历，象日、月、星辰，敬授人时。”通过观察日、月、星辰，来实现测定规律、制成法度、度量时间的目的，这就是历法。

我国古代历法的内容十分丰富，不仅包含二十四节气、推算朔望、置闰月，还包括日食、月食，以及行星位置的计算。这些内容随着古代天文学的不断发展，一点一点被充实到历法之中。

关于我国历法的起源，具体时间已不可考。司马迁《史记》记载：“太史公曰：神农以前尚矣。盖黄帝考定星历，建立五行，起消息，正闰余，于是有天地神祇物类之官，是谓五官。”这段话的意思是：神农以前的年代太久远，就不必讨论了。而在黄帝时期，观察星辰，制定历法，建立五行序列，确立阴阳二气升降消长的规律，通过设置闰月来校正寒暑季节的误差，并设立管理天地神祇的官员。

我国古代历法自产生以来，经历了漫长的发展过程，具体可以分为四个历史时期：（1）古历时期。即汉武帝推行太初历之前采用的历法，主要指“古六历”：黄帝历、颛顼历、夏历、殷历、周历、鲁历。（2）中法时期。即自汉朝开始使用太初历至清朝顺治皇帝启用《西洋新法历书》为止，其间，历法经历了七十余次的改订，反映出我国天文历法蓬勃发展的景象。（3）中西合法时期。自明末来华耶稣会教士汤若望改订《西洋新法历书》至辛亥革命时期为止。这一时期，随着西方列强的入侵，西方的历法也随之传入我国，清政府在借鉴西法的基础上对中法进行了改良。（4）公历时期。即孙中山于民国初年（1912 年）宣布采用西方的格里高利历至今，由此我国进入了公历纪年时期。

我国“观象授时”的天文研究在神农以前便已经有了。上古时期的神农氏种植五谷发展农业，而发展农业的前提就是以“观象授时”的天文学作为辅助。如果没有天文学做指导，农业在当时必然不能有所发展。

此外，在漫长的天象观测与历法演变中，我国也流传下来很多记载“观象授时”的典籍，其中最为完整的当数《大戴礼记》中的《夏小正》和《小戴礼记》中的《月令》，其他如《诗经·七月》和《尚书·尧典》中也记载了许多与天文相关的内容。这些都是今人研究天文历法极为珍贵的资料。

总的来说，我国古代历法是基于古人的天文研究成果才发展起来的，它的发展史经历了一个漫长而复杂的过程。历法作为文化的一部分，承载了丰富的历史和文化遗产。

二、天象变化与吉凶祸福

现代科学家认为，通过夜观天象来判断吉凶祸福，简直是无稽之谈。但在古人眼中，天象变化不仅可以用来推算节令以正农时，更是卜算吉凶祸福的重要依据。

除了指导农业生产，古代天文学还有一个重要的作用，就是帮助统治者测算吉凶祸福。说起天象变化与吉凶祸福的关系，就不得不提一个概念，那便是“分野”。关于“分野”，司马迁《史记·天官书》记载：“自初生民以来，世主曷尝不历日月星辰？及至五家、三代，绍而明之……天则有列宿，地则有州域。”古时候，占星家为了用天象变化来占卜人间祸福，便将天上的星空区域与地上的国、州相对应，这便是分野。

李白在《蜀道难》中就提到过“分野”：“扪参历井仰胁息，以手抚膺坐长叹。”诗中提到的“参”和“井”就是两个星宿。参宿对应地上的益州（今四川一带），井宿对应地上的雍州（今陕西、甘肃大部），也就是说，参宿、井宿分别为益州和雍州的分野。

分野的践行，使某一天区的天象很好地与地方的吉凶相对应。在《竹书纪年》中，殷商即将灭亡时，就有关于当时天象的描述："殷帝无道，虐乱天下，星命已移，不得复久。灵祇远离，百神吹去。五星聚房，昭理四海。"按照分野来讲，这里提到的房宿正是当时西周所在的方位。后来周朝取代商朝，成为天下之主。

古时候，最让人们恐惧的两种天象皆与荧惑星有关，一为"荧惑守心"，二为"荧惑入斗"。"荧惑"是火星的古称，无论它是在东方还是在西方，都被视为战争和死亡的代表，所以古人一般认为荧惑星出现乃大凶之兆。"荧惑守心"中的"心"指的是心宿二，隶属二十八星宿中的心宿。"荧惑守心"，就是指荧惑星在心宿附近发生停留的现象。而"荧惑入斗"则是指荧惑星在二十八星宿中的斗宿停留，素有"荧惑入南斗，天子下殿走"一说。这两种现象都被古人视为极凶之兆。

明朝正统年间，明英宗御驾亲征，北伐瓦剌。当时权臣徐有贞夜观天象，观测到"荧惑入斗"的天象。他顿觉不妙，认为明英宗这次北伐有可能会出事。果然，没过几天，前线就传来了消息，明英宗中了埋伏，被敌军俘虏。

“荧惑守心”现象出现，与灾难发生有关的事件，在历史典籍中也多有记载。《史记·秦始皇本纪》中记载，秦始皇三十六年（前211年），曾发生过一次“荧惑守心”现象，没过多久，秦始皇就病逝在出巡的途中。

在今天看来，根据天象变化预示吉凶祸福确实没有任何科学依据。而古人之所以会将天象变化和吉凶祸福联系起来，仅仅是因为一些巧合罢了。由于古代王朝不断更迭，时不时就会陷入兵荒马乱。再加上自然灾害时常发生，祸事来临之际，恰有天象产生。因此，古人便将天象的出现与人间祸福联系在了一起。从现代科学角度来看，二者之间是不存在必然关联的。

三、古人眼中的“天圆地方”

古人早期的宇宙观大概可分为三种，分别是“浑天说”“宣夜说”和“盖天说”。“浑天说”是古代天文学中影响最大的一种宇宙猜想，“宣夜说”是最符合现代科学的一种猜想，“盖天说”则是一种以“天圆地方”为主要理论的古老学说。

“天圆地方”是古人最初对天与地关系的理解，即“盖天说”。《晋书·天文志》中曾提到过“盖天说”，书中言：“其言天似盖笠，地法覆槃，天地各中高下。”这里提到的“天似盖笠，地法覆槃”，就是说天呈一个半球形，倒扣在方正的大地上。

春秋战国时期，有人对“盖天说”提出了质疑。《大戴礼记·曾子天圆》记载：“天之所生上首，地之所生下首，上首谓之圆，下首谓之方，如诚天圆而地方，则是四角之不揜也。”曾子认为，如果按照“天圆地方”的字面意思来理解，大地的四角将不能被遮盖。

很显然，古人口中的“天圆地方”并非字面意思。如果从《易经》的角度来看“天圆地方”，“天圆”指的应是天时，即时间是循环往复、周而复始的；“地方”则指的是地理方位，分东、南、西、北四个方位。

在古人眼中，日月星辰所构成的茫茫宇宙叫作“天”，脚下赖以生存的土地称为“地”。“天圆地方”其实还有另外一层深刻的含义。扬雄在《太玄·玄摛》中写道：“圆则杌棿，方为吝啬。”圆为天，方为地，“杌棿”指动荡不定，“吝啬”指静止收敛，“天圆”代表运动变化，“地方”则代表平静无事。在这一层含义中，“天圆地方”告诉我们，人类既要追求发展变化，也要追求静止稳定。

“天圆地方”也是道教阴阳学说的一种体现。“天圆”和“地方”一个代表阳、一个代表阴，一个代表动、一个代表静，二者呈现一种阴阳平衡、动静互补的状态，是古代的一种哲学思想。

“天圆地方”这一宇宙观在我国古代的建筑中也有所体现。明清时期修建的天坛与地坛就运用了“天圆地方”的原则。天坛为圆形，并且圜丘的层数、四周的栏板及台面的直径都为单数，即阳数；地坛是方形，四周的台阶数量为偶数，即阴数。天坛与地坛分别代表了天为阳、地为阴，阴阳平衡，是“天圆地方”理念的典型体现。

四、古代占星学中的“天人合一”

古人根据天象变化来占卜吉凶的行为，被称为“占星学”“占星术”或“星占术”。古人对“天人合一”的思想深信不疑，因此，占星学历来为统治者所重视。

中国的占星学起源于原始的宗教崇拜，是一种独特的文化信仰。在原始社会，人们对一些自然现象无法做出合理解释，于是便产生了对天地的自然崇拜。后来，随着阶级社会的到来，出现了最高统治者。他们自称是天神派来的，代表天神管理国家。随着时代的发展，人们逐渐将天文与人文联系起来，产生了早期的天命观。

天命观认为，凡国家兴亡、年成丰歉、人事吉凶，都是上天意志的体现。几乎所有可观测到的天象，无一不会被古人视为上天的意志。太阳东升西落，是上天安排的秩序;“五曜”的复杂运动，是上天的暗示或谴告；日食、月食、彗星等罕见的天文现象，会被人们理解为上天的震怒。

古人为了猜测天的意志，便发明了占星学。占星学主要由两部分构成，一是“兆”，二为“解”。“兆”指的是观测天象;“解”指的是解天，也就是占卜，即推测天象背后所传达的天意。占星学作为我国古代天文历法的一部分，最晚在商代已经出现，相关记载见于殷墟出土的甲骨卜辞。《殷契佚存》第三百七十四片有这样的记载:“癸酉贞日夕又食，佳若?癸酉贞日夕又食，匪若?”这片卜辞是商王武乙时期的，大概意思是癸酉这天的黄昏出现了日食的天象，武乙便命贞人占卜是吉兆还是凶兆。

古代占星学中所体现的思想正是“天人合一”。这种思想最早是由道家的庄子提出。庄子在《庄子·齐物论》中写道:“天地与我并生，而万物与我为一。”关于这一点，张衡在《灵宪》中做了更加详细的说明:“星也者，体生于地，精成于天。”即天上的星象与地上的人事一一对应。

而天象与人事如何对应，则是由占星师的说辞决定的。《石氏星经》记载:“岁星所在，五星皆从而聚于一舍，其下之国可以义致天下。”西汉初年曾出现过一次“五星连珠”的天象，即清晨之际，五大行星同时聚集于井宿中，岁星和木星居于中央。这样的天象被古人视为吉兆。为了昭示天命，占星家便将这一星象与十个月前刘邦驻军霸上之事联系在一起。

其实不难发现，天象是何含义，取决于占星师。所谓天命，其实并无科学依据，不过是一些先贤为封建王权披上了神权的外衣，是统治者维护封建统治的工具罢了。

第二章

古代天文学常识

一、占星学中的“七曜”

七曜，也有“七政”“七纬”之称。古人将荧惑星（火星）、辰星（水星）、岁星（木星）、太白星（金星）、镇星（土星）、太阳星（日）、太阴星（月），合称为“七曜”。

七曜，源于古人对星辰的自然崇拜。《尚书·舜典》记载：“正月上日，受终于文祖。在璇玑玉衡，以齐七政。”舜即位后的第一件事就是“在璇玑玉衡，以齐七政”，这足以说明“七政”在古代的受重视程度。

关于七曜，《周易·系辞》中也做出了解释：“天垂象，见（现）吉凶，圣人象之。此日月五星，有吉凶之象，因其变动为占，七者各自异政，故为七政。得失由政，故称政也。”这里提到的“七政”指的就是七曜，包含五星（古人将太白星、岁星、辰星、荧惑星、镇星称为“五星”）和日月。

关于日月，无须赘述，古人通过观察太阳的出没和月亮的盈亏来确定日、月、年的周期。接下来，我们重点关注一下另外“五曜”，即金星、木星、水星、火星和土星。

金星在古时被叫作“太白星”“启明星”，之所以得此名，是因为其亮度极强且光呈银白色。太白星于黎明前见于东方时被称为“启明星”；黄昏时见于西方，又得名“长庚星”。关于这一点，《诗经》有“东有启明，西有长庚”之语。如果我们在书中看到“启明”“长庚”之类的表述，要知道它们指的都是金星。

木星在古代被称作“岁星”，也有“重华”“应星”之称。古人夜观星象时，发现木星每十二年就要在空中绕行一周，于是便用木星来纪年，即木星在空中每绕行十二分之一周为一年，一年为一岁。西汉时期，司马迁观察天象，发现木星表面是青色的，于是便将其与五行学说联系起来，改称其为“木星”。岁星在古代天文学中有着极为重要的地位，它不仅被用来纪年，而且也被认为是一颗吉祥的星星，即岁星所在，国泰民安、五谷丰登。

水星在古代名为“辰星”，在八大行星中距离太阳最近，通常只能在黎明或者黄昏的时候找到它，因此得名。

火星在古代被称为“荧惑星”，有“荧荧火光，离离乱惑”之意。荧惑星一直被古人视为不祥之星。在他们看来，如果荧惑星出现，必然会有不好的事情发生。

土星在古时被称作“镇星”。据古人观测，土星大约二十八年绕天一周，平均每年都会经过二十八星宿之一，即“岁镇一宿”，因此得名“镇星”。古代天文学家认为“镇星主德”，所以镇星被视作一颗吉祥的星星。

“七曜”于古人而言，是极为重要的天体。通过观测它们，古代天文学家不仅可以制定历法，以正农时，也能得知吉凶祸福。因此，这些天体在古代备受重视。

二、“三垣”和“四象”

我国古代将星空划分为“三垣”和“四象”七大星区。“垣”有城墙的意思，“三垣”指的是紫微垣、太微垣、天市垣。“三垣”以北极星为中心，呈三角状分布，外围分布着青龙、白虎、朱雀、玄武“四象”。

古人将北极星周围的星座划分为三个天区，每一天区中囊括了若干星宿（古代天文学家为了便于认星和观测，将若干颗星星分为一组，称为“星宿”），以东西两藩的星辰环绕，形似墙垣，因此便有了“三垣”。

“三垣”之名始见于隋朝丹元子的《步天歌》中。但是根据《清会典》中的记载可知，早在战国时期，天文学家巫咸、甘德、石申等人已在其著作中零星提到“三垣”中的一些星座，只是在划分上与《步天歌》中的划分略有不同。

古人将邻近北极星的天空范围命名为“紫微垣”。关于紫微垣的位置，《宋史·天文志》记载：“紫微垣在北斗北，左右环列，翊卫之象也。”紫微垣是“三垣”中的中垣，因此被称为“中宫”或“紫微宫”，为天帝所居住的宫殿。

太微垣位于北斗的南方、紫微垣的东北部，这一星区包括了二十个星座。太微垣为天宫的政府官署，因此这一星区的星名多用官名，如“左执法”“上相”“次相”等。

天市垣又有“天府”“长城”“天旗庭”“天旗”之称，为“三垣”中的下垣。天市垣意为天上的街市，是平民百姓居住的地方，象征繁华的都市，其中包含十九个星座，星名多用货物、星具等命名。

在“三垣”之外，古人还将整个夜空分为东、南、西、北四个区域，并从中找出一定数量的恒星，通过想象将它们连成四种神兽的形象，以便于辨认和记忆恒星的方位，这便是“四象”。四象也有“四维”“四陆”“四兽”“四禽”“四游”之称，东方为青龙象（亦作“苍龙象”），北

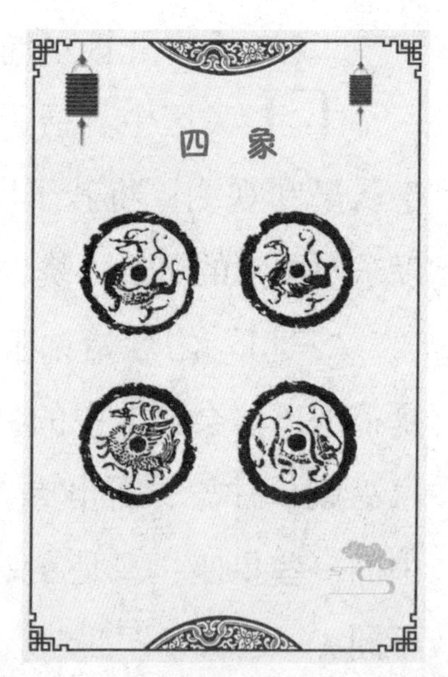

方为玄武象，西方为白虎象，南方为朱雀象。

“四象”在一年四季中，于夜空之中所出现的星宿各不相同。古人便在这些星宿中寻找规律，并据此来划分四季：东方青龙以配春，南方朱雀以配夏，西方白虎以配秋，北方玄武以配冬。

“四象”后来还被应用于战争中，被人们奉为行军打仗的保护神。《礼记·曲礼上》记载：“行，前朱鸟（雀）而后玄武，左青龙而右白虎，招摇在上。”又曰：“旒数皆放之，龙旗则九旒，雀则七旒，虎则六旒，龟蛇则四旒也。”古时候打仗时，将青龙、白虎、朱雀、玄武画在旌旗上以鼓舞士气，达到攻无不克、战无不胜的目的。

三、银河别称知多少

银河是指横跨星空的一条乳白色亮带，是银河系的一部分。银河是浪漫的象征，在中华文化中占有重要的地位。银河也是古代文人笔下常用的意象，因此衍生出诸多别称。

横跨于夜空中的璀璨银河，是夜晚最迷人的景色。古代文人擅长借景言情，当他们伫立于夜空之下，仰望星河，多会执笔写些什么，或抒情，或明志，或寓怀……在古代的文学作品中，银河被赋予了诸多别称，其中常见的别称有以下几种。

1. 天河

“天河”是银河的别称之一。说起银河，就不得不提牛郎织女的传说。传说织女私自下凡，嫁给牛郎为妻。玉帝知道后勃然大怒，命王母娘娘将织女带回天庭。织女被带走后，牛郎在后面奋力追赶。王母见状只能用金钗在天上画出一道银河，将两人分隔在河的两岸。他们二人的爱情感动了喜鹊，无数喜鹊飞来，在银河上架起一座鹊桥，让牛郎织女得以在鹊桥相会。最后玉帝允许二人每年七夕在鹊桥上相会一次。

很多诗人在创作时将银河与牛郎织女的传说联系起来，并用“天河”称银河。例如唐代诗人刘禹锡曾在《听旧宫中乐人穆氏唱歌》中写道：“曾随织女渡天河，记得云间第一歌。”金代文学家元德明在《七夕诗》中也曾写道：“天河唯有鹊桥通，万劫欢缘一瞬中。”

2. 长河

银河也称“长河”。唐代诗人陈子昂在《春夜别友人》一诗中写道：“明月隐高树，长河没晓天。”南朝文学家谢庄在《月赋》中写道：“列宿掩缛，长河韬映。”在夜空下遥望天际，那飘带般的银河却如长河一般不见尽头。

3. 星河

古代文人在从事文学创作时，也曾以“星河”代指银河。例如，唐代诗人杜甫《阁夜》中有：“五更鼓角声悲壮，三峡星河影动摇”的诗句。唐代诗人韩翃《酬程延秋夜即事见赠》也有“星河秋一雁，砧杵夜千家”的诗句。两诗中的“星河”都指银河。

4. 河汉

“河汉”作为银河的别称，也常见于古人的诗作中。例如，《古诗十九首》中有“迢迢牵牛星，皎皎河汉女”。韦应物在《调笑令》中也曾用“河汉”这一别称：“河汉，河汉，晓挂秋城漫漫。”

5. 星汉

“星汉”也是银河的别称。曹操在《观沧海》中写道：“星汉灿烂，若出其里。”魏文帝曹丕的《燕歌行》中也有“明月皎皎照我床，星汉西流夜未央”的诗句。

6. 云汉

银河也被称为“云汉”。李白在《月下独酌》中就曾使用“云汉”，他在诗中写道：“永结无情游，相期邈云汉。”《诗经·大雅·云汉》云：“倬彼云汉，昭回于天。”

7. 天津

《离骚》中曾使用“天津”这一别称来称呼银河：“朝发轫于天津兮，夕余至乎西极。”朱熹注：“天津，析木之津，谓箕斗之间汉津也。盖箕北斗南，天河所经，而日月五星，于此往来，故谓之津。”张嗣初在《春色满皇州诗》

中也用此称："轻黄垂辇道，微绿映天津。"我国天津市的得名，也取自于此。

除了以上列举的别称外，诸如"秋河""绛河""天汉""斜河""斜汉"等，都是银河的别称。

四、北极星可不是天的中心

杨泉《物理论》云:“北极,天之中,阴气之北极也,极南为太阳,极北为太阴。”一直以来,古人都认为北极星是天的中心。其实,北极星并不是天的中心。

说起北极星,就不得不提古代天文学中的一个概念,那便是“天球”。“天球”是古人探索宇宙的一个大胆设想——他们将广袤无垠、神秘莫测的天空假设为一个球体。之所以会有这样的设想,是因为他们在夜观星象时,发现整片星空是自东向西移动的,就好像围绕着一根无形的轴在转动。如此一来,以观察者为中心,以视线为半径,头顶的星空就成了一个球体,这就是古代天文学中的“天球”假设。

北极星,也称“北辰”“紫微星”,指的是最靠近北极的一颗恒星。《史记・天官书》这样介绍北极星:“中宫天极星，其一明者，太一常居也。”大概意思是：中宫正中央的星星名为天极星，比它周围的星星都要亮，太一常居于此。这里的“天极星”指的就是北极星。由“中宫”可知，古人一直将北极星作为天的中心。

现代天文学告诉我们，北极星接近北天极，不可能是天的中心。那古人为何会认为北极星处于天的中心位置呢？首先，我们的祖先当时多生活在黄河流域，因此看到的是天空北部，而北极星位置靠北，所以他们容易将北极星当作天的中心。

另外，古人长期观察星空，发现星星之间的距离几乎是恒定不变的，随着天球自东向西旋转，自然地认为这是星辰的东升西落。而北极星正好处于地轴与天球的交点处，其位置看起来恒定不动，好似天空的中心。

古人对北极星恒定不动这一现象一直深信不疑，这一点从《论语》中的一段叙述就能看出来，“为政以德，譬如北辰，居其所而众星共之”。这里的“北辰”指的就是北极星。孔子这句话的意思是：如果以道德治理国家，就可以像北极星那样，安稳地居于一定位置不动，而众星则会一直围绕着它。

实际上，北极星并不是恒定不动的，而是不断移动的，只不过由于它处于北天极的位置，每次移动的幅度较小，所以人们用肉眼观测北极星时，才会觉得它是恒定不动的。因为北极星在不停地移动，所以不同时期的北极星是不同的。例如，周秦时期以天帝星为极星，而唐宋时期则以天枢星为极星。

古人认为北极星的位置是永不变动的，因此经常利用北极星来辨认方向和航海的远近。明代茅元仪《武备志》一书中就有关于郑和下西洋时利用北极星辨认方向和远近的记载："开船乾亥离石栏，水十五托，看北辰星四指，灯笼星正十一指半，单亥五更取白礁。"古人在水上航行时，通常借助北极星来定位，因此北极星也有"定盘星"之称。

五、古人眼中的北斗星

北斗星，又称“北斗七星”，是位于北极星附近的七颗星。它由天枢、天璇、天玑、天权、玉衡、开阳、摇光（瑶光）组成。

北斗七星是围绕着北极星旋转的七颗星星，这七颗星星的名字在《石氏星经》中有记载：“第一星为天枢，二为璇，三为玑，四为权，五为玉衡，六为开阳，七为摇光。”如果凭借想象，将这七颗星星相连的话，会发现呈现“斗”的形状，又因为挂在北方的天空上，故得名“北斗”。

北斗七星对于古人而言非常重要，人们不仅用其来辨方向，还用其确定季节和月份。北斗七星中的天枢、天璇、天玑、天权四星构成了斗身，古时称为“魁”；玉衡、开阳、摇光三星构成斗柄，古时称为“杓”。

关于斗身的作用，《史记·天官书》有“斗为帝车，运于中央，临制四海；分阴阳，建四时，均五行，移节度，定诸纪，皆系于斗”的说法。这里表达的意思是：北斗的“魁”部在天中央运行，具有分阴阳、建四时、均五行、移节度、定五纪的作用。由此可见，天文历法中的重大问题，都由“魁”控制着。

而斗柄最大的作用就是用来划分季节。关于古人如何通过观测北斗七星来辨别季节，《鹖冠子·环流》中有“斗柄东指，天下皆春；斗柄南指，天下皆夏；斗柄西指，天下皆秋；斗柄北指，天下皆冬”的记载。

在确定四季的基础上，古人将北斗七星绕北极星顺时针旋转一周的天空分成了十二等份，用来表示十二个月，根据斗柄处的第七星摇光星的指向来确定月份。《淮南子·天文训》记载：“正月指寅，十二月指丑，一岁而匝，终而复始。”这里指出摇光星指向十二天干中的寅位，则为正月；指向十二天干中的丑位，则为十二月。

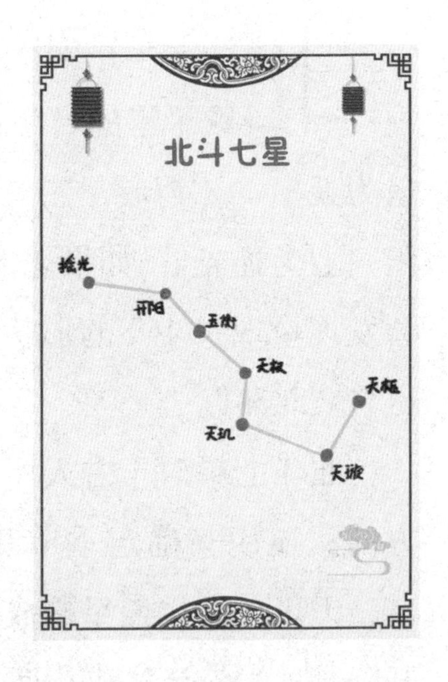

因为北斗七星最接近北天极，所以在北方的夜空中极

易辨识，由此成为指示方向的重要坐标。《淮南子·齐俗训》记载："夫乘舟而惑者，不知东西，见斗极则寤矣。"只要北斗七星不被遮挡，人们就能据此来辨别方向。

利用北斗七星来辨别方向这件事也被很多文人写进了文学作品。例如，屈原曾在《远游》一诗中写道："揽彗星以为旍兮，举斗柄以为麾。"这里的"斗柄"指的就是北斗星。

六、十二星次与黄道十二宫

十二星次与黄道十二宫都是在黄道上所划分的星空区域，“十二星次”为本土天文概念，“黄道十二宫”为外来概念。但无论是十二星次还是黄道十二宫，都对我国天文历法的发展有着极为重要的意义。

想要了解十二星次与黄道十二宫，就要先弄清楚黄道。“黄道”是古代天文学中的术语，指的是太阳周年视运动轨道。视运动轨道，通俗来讲就是站在地球上的人用肉眼观察到的太阳运动轨迹。在古人眼中，太阳绕天球运行一圈就是一年，而太阳在这一年中的运行轨迹便是黄道。

关于十二星次，《左传》《国语》《尔雅》等典籍中均有记载，其与木星纪年法息息相关。《说文解字》：“岁，木星也。越历二十八宿，宣遍阴阳，十二月一次。从步，戌声。”古人很早就发现，木星约十二年可绕行天空一周。木星的运行轨道与黄道相似，木星在十二年的运行中，每一年都会经过一个特定的星空区域。于是古人将黄道附近的区域自西向东平均划分为十二等份，并将这十二个区域分别命名为星纪、玄枵、娵訾、降娄、大梁、实沈、鹑首、鹑火、鹑尾、寿星、大火、析木。这便有了十二星次。

在木星自西向东运动的过程中，运行至哪一区域，就命名为“岁在某某”。例如，岁星处于星纪区域，就称“岁在星纪”；岁星运行至玄枵，就称“岁在玄枵”。在中国古代，人们曾采用这种方式来纪年。

十二星次与黄道十二宫虽然都与黄道有关，但“十二星次”是我国土生土长的天文学概念，“黄道十二宫”则是由基督教传教士从中亚、欧洲带来的天文学理念。黄道十二宫起源于古巴比伦的占星术，后来受到古希腊文化的影响。

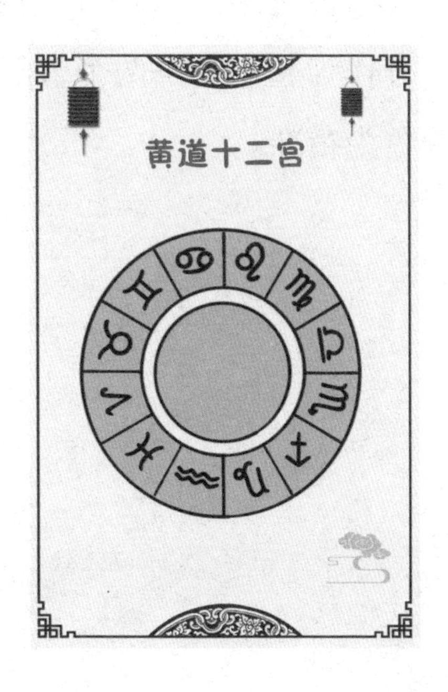

黄道环绕太阳一周为三百六十度，古巴比伦人将黄道分为

十二等份，每份三十度。

通过进一步观测，古巴比伦人发现每一星空区域的星星相连，往往能构成一些固定的形状。为了便于记忆星辰的位置，他们便根据星星相连所构成的形状将黄道十二宫分别命名为白羊宫、金牛宫、双子宫、巨蟹宫、狮子宫、室女宫、天秤宫、天蝎宫、人马宫、摩羯宫、宝瓶宫和双鱼宫。

“黄道十二宫”的概念早在隋唐时期就传入了我国，但由于我国当时有传统的二十四节气，因此并未引起人们的重视。明末清初，传教士汤若望和徐光启修订《崇祯历书》时，才开始重视“黄道十二宫”这一天文概念，并将它与传统的二十四节气相联系，重新划定节气。他们将春分作为起点，每两个节气对应一个黄道宫，使节气的划分更为精准。

七、二十八星宿不止二十八个星座

二十八星宿是古代天文学家为了观测日、月、星辰而划分的二十八个星区，由东方苍龙、西方白虎、南方朱雀、北方玄武四象各分领七个星宿而构成。

古代天文学家将黄道附近的二十八组星象命名为二十八星宿。二十八星宿中的“宿”字在这里有宿舍之意，因此星宿的意思便是行星舍止之处所。由于古人难以掌握天空中的日、月、星辰运行规律，于是便依据恒星在天球上的位置划分出星空区域，是为二十八星宿，以便测定农时与四季。

“二十八星宿”一词最早见于《周礼·春官》。书中言：“冯相氏掌十有二岁，十有二月，十有二辰，十日，二十有八星之位。辨其叙事，以会天位。”二十八星宿又称“二十八舍”“二十八宿”“二十八星”。这二十八组恒星被分为四组，由青龙、白虎、朱雀、玄武四象管辖，每组有七个星宿：东方青龙七宿为角、亢、氐、房、心、尾、箕；南方朱雀七宿为井、鬼、柳、星、张、翼、轸；西方白虎七宿为奎、娄、胃、昴、毕、觜、参；北方玄武七宿为斗、牛、女、虚、危、室、壁。

这里一定要说明的是，二十八星宿并不是指单独的二十八颗恒星。《史记·天官书》中记载："二十八者，凡一百二十八宿星是也。"古人从黄道附近的恒星中选取了一百二十八个星座，根据这些星座所处的位置，划分了二十八星宿，每一个星宿中都包含数个乃至数十个星座。因此，不可简单地将二十八星宿等同为二十八个星座。

有的星宿中包含恒星若干颗，如果用假想的线条将它们相连，就可以构成某种形状，这样更便于记忆恒星所在的方位。例如，古人曾将斗宿中的六颗星星想象为斗形，将箕宿中的星星想象为簸箕。它们的形状还被古人写进了诗中，《诗经·小雅·大东》云："维南有箕，不可以簸扬；维北有斗，不可以挹酒浆。"

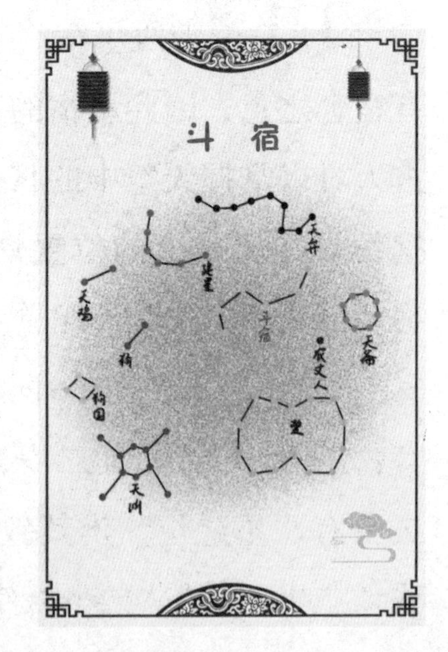

二十八星宿之于古人至关重要。它不仅是古人观测“七曜”运行位置的坐标，也是测定季节、预测农业生产的重要依据。此外，古人还会利用二十八星宿来占卜国家政事和人事的吉凶。例如，《晋书·天文志》中就曾记载：“守虚，饥；守危，徭役烦多，下屈竭。”北宫玄武中包含虚宿和危宿，这二宿在古人眼中皆是不祥之星，如果观测到虚宿与危宿的星象，那天下必然会有不好的事情发生。

二十八星宿作为天球中的重要星象，被古代天文学家广泛应用于天文、宗教和占卜术数中，于古人而言有着重要的意义。

第三章

古代 历法常识

一、二十四节气的出现

所谓二十四节气，就是将一年内太阳在黄道上位置变化所引起的气候变化分为二十四种。节气之间通常隔半个月的时间，按照“五日为一候，三候为一气”分列在十二个月中。一个月之中会有两个节气，月首称“节气”，月中称“中气”，后来人们习惯把二者统称为“节气”。

“春雨惊春清谷天，夏满芒夏暑相连，秋处露秋寒霜降，冬雪雪冬小大寒”，这首朗朗上口的节气歌中就藏着二十四节气。

二十四节气在我国由来已久。商周时期，古人便划定了春、夏、秋、冬四个季节。春秋战国时期就已经有了“日南至”“日北至”的概念。战国后期成书的《吕氏春秋》“十二月纪”中已经出现立春、春分、立夏、夏至、立秋、秋分、立冬、冬至八个节气的名称。这八个节气也是二十四节气中较为重要的节气，清晰地划分了一年四季。西汉时期，二十四节气已经完全确立，邓平等人将其编入太初历，以此作为指导农事的历法补充。

古人最初研究节气，靠的就是一根竿子，即利用竿子来测日影，并观察日影在一年四季的变化。聪明的古人发现，夏季竿影短，冬季竿影长，而在夏季里有一天竿影是最短的，冬季里有一天竿影是最长的。他们便将这两天命名为“日至”。紧接着，古人就根据日至推算出了“年”的长度，即两个相同日至间的时间长度就是一年。

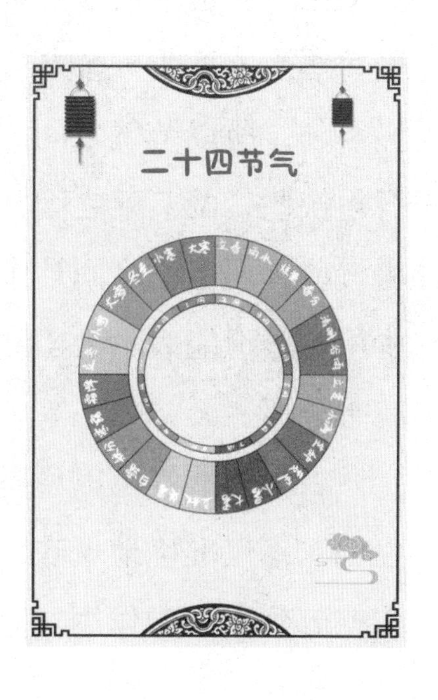

后来，竿影记日慢慢发展为土圭记日。《周礼》中所载的土圭是一把用石或玉刻成的尺子，将其放置于地面上，可以测量影子的长短。由于夏季日影短而日在南，冬季日影长而日在北，古人便将日至分为日南至和日北至，也就是夏至和冬至。

确定了冬至的时间，就可以划分二十四节气了。古人早期划定二十四节气，采用的是平气，也称“恒气”，即把一个回归年平分为二十四等份，对应二十四个节气，节气之间平均为十五天多。

而我们现行的二十四节气是按照定气来划分的，即根据太阳在黄道上的位置来确定的。自春分点起算，太阳黄经每隔十五度为一个节气。由于太阳在黄道上每天移行快慢不匀，所以节气之间的天数也不一样。冬至前后太阳移行得快些，两节气之间只有十四天多；夏至前后太阳移行得慢些，两节气之间达十六天多。节气之间的天数虽然多少不一，但能表示太阳真实位置，使春分、秋分一定在昼夜平分那一天。

二十四节气可以说是我国古代天文历法中的一项伟大发明，不仅准确地反映了自然的变化规律，还对古代农业生产起到了指导作用。它在我国天文历法史中有着不可撼动的地位，被誉为“中国第五大发明”。2016 年 11 月 30 日“二十四节气”被列入联合国教科文组织人类非物质文化遗产名录，是我国天文研究史上的宝贵财富。

二、月相变化的五个阶段

古代没有钟表，如果人们想要获知准确的时间，就要对日、月、星辰进行观测，以此来推测时间。古人通常会根据新月、上弦、满月、下弦、残月这五个阶段的月相变化来推测时间。

苏轼《水调歌头·明月几时有》:“月有阴晴圆缺，人有旦夕祸福，此事古难全。”其中，“月有阴晴圆缺”用我们今天的地理知识来解答，就是指月相变化，也就是我们经常说的月相盈亏。

古人对月的观测历史极为久远。《史记索隐》中记载:“《系本》及《律历志》:黄帝使羲和占日，常仪占月，臾区占星气，伶伦造律吕，大挠作甲子，隶首作算数，容成综此六术而著《调历》也。”从这里可知，早在黄帝时期，先民们就已经开始对月亮进行观测。

殷商时期，甲骨文中的“月”字呈弯月形状，就是根据月亮的变化而来的。古人最初把月相变化分为五个阶段。月相变化的第一阶段，也就是农历初二、初三所能看见的新月。随着月球的转动，其继续绕地球向东运行，大约在农历每月初七、初八，右半边呈半圆形的上弦月就产生了。至农历每月十五、十六，月球运行至地球外侧，不受任何遮挡，此时就到了满月阶段。随着月球继续转动，农历二十二、二十三时，月亮左半边呈半圆形，这一月相阶段为下弦月。至农历月末，月亮再次呈弯月的形状，不过方向与新月相反，此时月相变化到了最后一个阶段——残月。

古人正是依据月亮的盈亏变化来推算确切日期的。此外，他们还将不能见到月亮的农历初一称作“朔”，满月代表的时日称为“望”，通过朔、望来记月。连续两次朔或者两次望为一个月，周期大概为 29.53059 日。朔与朔之间、望与望之间相距的时间，就是朔望月。值得一提的是，朔望月的长度是我国古人最早进行测定并得到的较为准确的天文常数。

在朔望月中，每月残月之时，被称作“晦”。《说文解字》中对“朔”和“晦”都做了解释：“凡月之属皆从月。朔，月一日始苏也……晦者，月尽也，尽而苏矣。”由此可见，朔和晦是推算时间中十分重要的环节，一个代表月的开始，一个代表月的结束。

月相知识还时常被古人写进诗词中。刘禹锡的“海潮随月生，江水应春生”，揭示了海潮变化与月相变化的关系。白居易在《暮江吟》中写道：“可怜九月初三夜，露似真珠月似弓。”诗中提到的“九月初三”，正处于月相的第一阶段——新月。

时至今日，我们采用了更为完善的历法，早已不需要通过月相来进行辨时了。但悬挂在天空的月亮，无论圆缺，依然是夜空中最美的点缀。

三、阴历、阳历与阴阳合历

我国古代的历法种类繁多，总的来说主要有阳历、阴历、阴阳合历三种。我国历来多实行阴阳合历，阴阳合历在我国有着悠久的历史。

阳历又称“太阳历”，顾名思义，就是以地球绕太阳公转的运动周期为基础制定的历法，与月亮的运行没有关系。但采用阳历纪年存在一定误差，因此古人往往用置闰的方法，也就是设置闰月来降低误差。古埃及历、古玛雅历和公历，都属于阳历。

阴历也有“太阴历”之称，它的制定与月相圆缺变化息息相关。阴历以朔望月作为基本周期，大月三十天，小月二十九天。年的长短只是月的整倍数，与回归年无关。常置闰日以弥补历月的不足。伊斯兰教历就是一种典型的阴历。

此外，还有阴阳合历。阴阳合历将太阳和月亮的运动作为制定历法的天文依据，以朔望月的周期定月，以回归年的周期定年。中国在辛亥革命以前，除天历和十二气历属阳历外，其余的传统历法基本上都属于阴阳合历。犹太历也是阴阳历的一种。

历法在我国历史悠久，最早可以追溯到上古时期。司马迁《史记·三代世表》记载："余读谍记，黄帝以来皆有年数。稽其历谱谍终始五德之传。"由此可见，早在黄帝时期，我国就已经有历法存在。

我国最为古老的历法是由黄帝创制的"黄帝历"，也可称"黄历""历日""宪书"。这是黄帝在打败蚩尤后，命人制定的历法。从众多历史典籍中可知，黄帝历是我国最早的阴阳合历，其以建子之月为一年之始，开观象授时之先河，使用天干地支来纪年，表达阴阳五行，以闰月定四时。

此后的统治者都是在黄帝历的基础上修订历法。夏朝制定了夏历，商朝制定了殷历，周朝制定了周历，春秋时期的鲁国制定了鲁历，战国时期完成了

颛顼历。这些历法与黄帝历均为阴阳合历。

其中，颛顼历完成于秦献公十九年（前 366 年），是一种古四分历，采用的是十九年七闰法，以夏正十月为一年中的首月，将闰月置于九月之后。颛顼历在秦汉初年被奉为正统历法，自秦始皇统一六国后颁行全国，一直到汉武帝时期太初历施行后才逐渐废弃。

太初历以每年正月为岁首。虽然此后历朝历法多次变革，但以正月作为岁首的习俗却一直延续至今。

四、干支纪日与干支纪时

我国古代一直采用干支纪年、纪月、纪时的方法。蔡邕《月令章句》记载:“大挠采五行之情,占斗机所建也。始作甲乙以名日,谓之干。作子丑以名月,谓之支。”由此可知,干支是黄帝时期一位名叫大挠的臣子首创的。

天干地支,简称“干支”,是我国古代天文历法中伟大的发明之一,不仅可以用于纪年,也可以用于纪月,甚至可以用来纪日和纪时。

干支分十天干和十二地支。关于干支的内容,《尔雅·释天》记载:“岁阳者,甲、乙、丙、丁、戊、己、庚、辛、壬、癸十干是也。岁阴者,子、丑、寅、卯、辰、巳、午、未、申、酉、戌、亥十二支是也。”我们所熟知的十二生肖就是按照地支的顺序来排列的。

所谓干支纪日,就是利用十天干和十二地支依次组合为六十个单位来纪日，称为“六十甲子”或“六十花甲子”，以甲子开始，依次为乙丑、丙寅、丁卯、戊辰……至癸亥结束。由于天干有十个，地支有十二个，所以按照这样的方式组合下来，不会有重复的干支出现。

干支纪日在诸多历史典籍中都有记载，始见于商朝时期。如《殽之战》记载：“夏四月辛巳，败秦军于殽。”这里的“四月辛巳”采用的就是干支纪日，指的是四月十三日。考古学家还在商朝时期的甲骨上发现了完整的干支表，据推测，它应是当时人使用的日历牌。我国的干支纪日一直沿用至清宣统三年，有着悠久的历史。

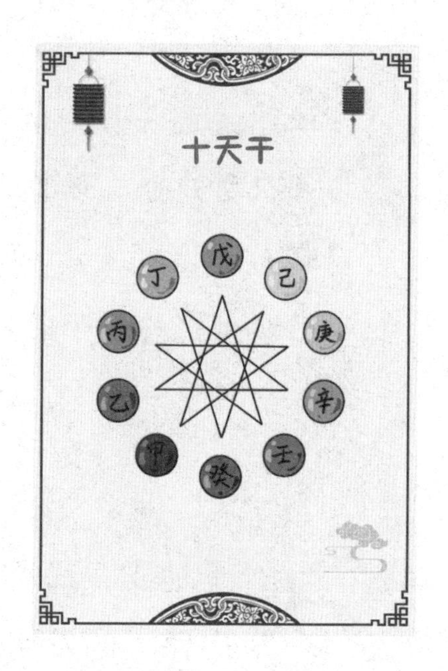

古人除了用干支纪日外，还有只用天干不用地支的情况。《楚辞·哀郢》记载：“去故乡而就远兮，遵江夏以流亡。出国门而轸怀兮，甲之朝吾以行。”这里的“甲”就仅使用天干纪日，表示第一个月的第一天。此外，古人也会单独使用地支来纪日，但多用于特定的日子。《礼记·檀弓》记载：“子卯不乐。”这里的“子卯”就是使用地支纪日，多指不吉利的日子。

干支除了可以纪日外，还可以用于纪时。古代使用干支纪时不知起于何时，但《汉书·艺文志》中已有“甲夜”之名。魏晋时期，已经将夜晚分为甲夜、乙夜、丙夜、丁夜、戊夜。

古代使用的较为普遍的纪时方法是地支纪时法。即将一天分为十二个时辰，由子时始，至亥时结束，每个时辰对应两个小时，子时对应今天的二十三时和二十四时，以此类推。

天干地支是我国几千年来最为完备的纪时方法，既不受改订历法和天文水平的限制，也不受朝代更迭和国家分裂的影响。以六十甲子循环，无论用于纪年、纪月还是纪时，几千年来从未中断。

五、古代的纪年方法

关于年，不同朝代有不同的称呼。《尔雅·释天》中有："夏曰岁，商曰祀，周曰年，唐、虞曰载。"古人最初使用"年"字来表示谷物成熟，直到周才借年为岁。古人纪年的方式主要有四种，即年次纪年、年号纪年、星岁纪年和干支纪年。

在有了关于"年"的概念后，古人是通过什么方法来纪年的呢？具体来讲，古人的纪年方法主要有以下几种。

1. 年次纪年

我国最早使用的纪年方法应是年次纪年，即新国君即位后，以国君的名号来纪年。例如，周武王创立西周后，就从周武王元年开始纪年，依次往下叠加年份，直到新的统治者即位，再开始新一轮纪年。从西周时期一直到西汉景帝时期，使用的都是这种纪年方法。

《左传·庄公十年》:“十年春，齐师伐我。”其中的“十年春”，指的是鲁庄公十年，即鲁庄公即位的第十年。翻阅《左传》，我们会发现书中都是以鲁国国君在位年次来纪年的，这是因为《左传》是鲁史，自然要用鲁国国君在位年次来纪年了。

2. 年号纪年

汉武帝时期改为年号纪年。汉武帝在位期间曾使用过多个年号：即位之初，为“建安”；至第七年，又改为“元光”；“元光”这个年号使用六年后，又改为“元朔”；等等。据统计，汉武帝在位期间共使用了十一个年号。

自此以后，每个皇帝即位后都要改元，以确定自己的年号。元代以前，一个皇帝会使用多个年号。明清时期，一个皇帝基本上只使用一个年号，即一世一元。例如，明成祖朱棣的年号为“永乐”，清圣祖爱新觉罗·玄烨的年号为“康熙”。

年号纪年多见于古代文学作品中。《岳阳楼记》中的“庆历四年春”，《琵琶行》中的“元和十年”，《石钟山记》中的“元丰

七年”，采用的都是年号纪年。古代最为常用的纪年方法就是年次纪年与年号纪年。

3. 岁星纪年

岁星纪年是依据木星的运行周期来纪年的，是我国天文历法史上较为古老的一种纪年方式。关于岁星如何纪年，前文“十二星次”中已提过，是用十二星次的位置来纪年。

实际上，岁星并不是十二年运行一周天，而是 11.862 2 年，这样一来，八十六年后，就会多走一个星次。这种情况名为“超辰”或“超次”。

这种情况产生后，岁星纪年法就产生了巨大的误差。古人通过进一步观察，发现岁星其实是以六十年为一个大周期，于是人们便将岁星纪年与天干地支结合起来，即将六十年作为一个周期。相较以十二年作为周期，这种方法误差相对小一些。

4. 干支纪年

干支纪年同干支纪日一样，是将天干和地支按顺序两两相配成六十对来进行纪年。六十一循环，周而复始。

历史学家认为，干支纪年法的应用大约是从东汉的四分历开始的，自此以后就从未间断。像我们极为熟悉的辛亥革命开始的年份（1911 年），使用的就是干支纪年法。

纪年方法是古人智慧的结晶，对指导人们的生产、生活具有重要意义。

六、日食与月食

“日食”与“月食”是现代天文学中的名词，意思是日、月亏蚀。在我们今天看来，之所以会产生日食、月食的现象，是因为光的直线传播。古代也有日食、月食，古人对它们又有怎样的解释呢？

如果用今日的天文科学来解释的话，日食是指当月球运动到太阳与地球中间，三者处于一条直线上时，月球遮挡住太阳照射在地球上的光的现象。如果光全部被遮挡，就会发生日全食；如果部分被遮挡，就会发生日偏食。

月食是当月球运行至地球的阴影部分时，原本应照射在月球上的太阳光被地球遮蔽，从而地球上看到的月亮缺了一块的现象。

在古代，日食和月食现象也时常发生。由于当时人们认知有限，因此往往将它们视为天降异象。古人无法解释月亮或太阳为什么会缺失一块，因此只能为这一现象披上想象的外衣，冠以“天狗食日”“天狗食月”的奇思妙想。

相较于月食，古人更重视日食，究其原因，与中国的传统哲学观念有很大关联。古人认可君权神授、天人感应，往往以日为阳、以日配君，将皇帝尊称为天子，视为上天派来管理百姓的人。因此，关于太阳的一些天文现象，往往被视为上天对统治者的警告。古代一旦有日食发生，就会被人们视为不祥之兆。

汉朝发生日食的时候，天子都会采取“避正殿”的措施来自我贬责，以求消灾避难。所谓避正殿，是指帝王不到大殿早朝，而是转到旁边的小殿早朝，并且一切事宜均从简。

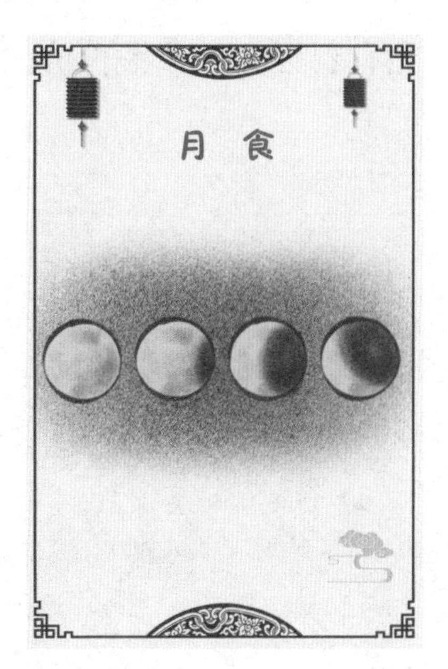

虽然日食、月食为不祥之兆的观念在古人脑中根深蒂固，但也有一些人认为日食、月食不过是一种正常的自然现象。司马迁在《史记·天官书》中就曾提到过月食：“月食始日，五月者六，六月者五，五月复六，六月者一，而五月者五，凡百一十三月而复始。故月蚀，常也。”可以看出，司马迁已经认识到月食的发生具有周期性，是一种正常的天文现象，与人类的祸福并不相关。

东汉思想家王充在《论衡·治期篇》中写道："在天之变，日月薄蚀。四十二月日一食，五十六月月亦一食。食有常数，不在政治。百变千灾，皆同一状，未必人君政教所致。"王充在这里提出"食有常数"，否定了"天人感应"的学说，明确提出日食、月食的出现与人间的福祸无关，只是一种正常的自然现象。

中国古代对日食和月食有着连续的记录。最系统、最完整的记录是《春秋》一书，里面记载了公元前770年至公元前476年间的三十七次日食。经后世学者推算，其中有三十三次是完全可靠的。这些日食记录对今天的天文研究有着很大的参考价值。

七、古人为何要“置闰”

所谓置闰，就是多余的意思。《汉书音义》记载：“以岁之余为闰，故曰闰余。”《左传·文公六年》中交代了古人置闰的原因，“闰以正时，时以作事，事以厚生，生民之道于是乎在矣”。由此可见，古人置闰是为了正时。

唐朝诗人乐伸有“圣代承尧历，恒将闰正时”的诗句，这说明，古人置闰是为了正时。古人将置闰的年份称为“闰年”，未置闰的年份称为“平年”。

我国古代长期采用阴阳合历。这种历法是以回归年的长度 365.242 2 日为一年，以朔望月的长度 29.530 6 日为一月。一年为十二个月，按朔望月计算一年的日期的话，最后得出一年有 354.367 2 日，与回归年的日期存在十一天左右的误差。这就会出现天时与历法不合的现象，最终导致时序错乱。

拿古人极为重视的冬至来说，这一节气一般在每年的十二月下旬，是凛冬之际，如果每过一个农历年都存在十一天左右的误差，那么十六年之后，冬至便会提前到炎炎夏日。如果这样的误差继续存在，冬至就不再是专属于冬天的节气，而是可以存在于任何季节中的节气。如此一来，历法也就形同虚设了。

在古代，历法具有重要的作用，农民要根据它从事耕作与劳动。如果以十一天的误差持续下去，历法也就失去了原本的作用。

因此，为了缩小这种误差，古人想出了一个办法，那便是置闰，即在某一年中增加一个月，名为“闰月”。通过设置闰月，可以在一定程度上减小误差。

古人在制定历法的过程中，使用过很多置闰方法，如“三年一闰”“五年闰两次”“十九年七闰法”等。关于置闰，农历中有规定，每月必然存在一个中气，没有中气的月份正好可以用来置闰。

“十九年七闰法”是指在十九个农历年中设置十二个平

年和七个闰年。平年有十二个月，闰年通过置闰法增加一个月，为十三个月。这样算来，十九年中共有二百三十五个月，总天数为 6 939.691 日，而十九个回归年的总天数为 6 939.601 8 日，二者的误差仅为 0.089 2 日。通过置闰的方法，误差被大大缩小了。

今天，置闰依旧存在于历法中。目前我国使用的历法采用的是“四年一闰”，也就是说，每隔四年会设置一个闰年。置闰的目的与古代也别无二致，皆是正时。

第四章

各个时期的天文历法成就

一、夏商周时期的天文历法成就

从半坡氏族墓葬中出土的刻有月亮、太阳、星辰图案的陶器来看，我国天文历法早在新石器时期便已经萌芽；夏商周时期奴隶社会的建立，使天文历法得到进一步发展。

夏商周时期，天文历法得到了进一步发展。各朝都制定了相应的历法，也在天文历法研究方面取得了一些成就。

夏朝的历法根据北斗七星斗柄所指的方位来确定月份，以斗柄指向正东偏北时的“建寅之月”作为一年的首月。《夏小正》是我国最早的一本历书，它依照夏历十二个月的顺序，记述了每月的星象、气象、物象等内容，在一定程度上反映了夏朝天文历法的发展水平。

夏朝时期，人们已经开始使用干支纪年、纪日，这一点从夏朝诸王的名讳中可以看出，诸如胤甲、孔甲、履癸等，都是以天干来命名的。

商朝在夏朝的基础上，进一步完善了干支纪日，使用天干、地支配合组成六十甲子，循环纪日。而且，商朝时期已经有了季节的划分，一年被分为春、秋两季，并且已经有了大、小月之分。考古学家研究出土的甲骨卜辞发现，一年既有十二月，也有十三月，大月三十天，小月二十九天。这说明当时人们在制定历法时，已经开始使用置闰法来调整朔望月了。商朝的人们通过夜观天象来制定历法，甲骨卜辞中已经出现日食、月食和星辰的记载。

周朝时，人们已经学会使用圭表来测量日影，并确定了冬至和夏至两个至关重要的节气，四季也被划分出来。《尚书·尧典》记载："日中，星鸟，以殷仲春。""日永，星火，以正仲夏。""宵中，星虚，以殷仲秋。""日短，星昴，以正仲冬。"根据现代天文学家推算，书中记载的四季天象最迟在周朝初年便已经出现了。

此外，周朝还确定了朔日。这一点在《诗经·小雅·十月之交》中有记载："十月之交，朔日辛卯，日有食之，亦孔之丑。"朔日的确定可以说是古代天文历法史上的一个重大事件。

历史上关于日食最早的记载是周幽王六年（前776年）的十月初一。

此外，周朝人还利用十二地支将一日划分为十二个时辰。当时很可能已经发明了用于计时的工具，这一点我们可以在《周礼·夏官》中窥见一二：“挈壶氏掌挈壶……以水火守之，分以日夜。”这里提到的“挈壶”就是当时用于测时的一种漏壶仪器。

总之，在遥远的夏商周时期，我们的祖先已经在天文历法方面取得了成就，并走在了世界天文历法研究的前沿。

二、春秋战国时期的天文历法成就

春秋战国时期是我国历史上的大变革时期。我国的天文历法也在这一时期取得了极高的成就。天文学家不仅观测到了很多天文现象，还编写了一些重要的天文学著作。

春秋战国时期，我国的历法取得了极大的进步。春秋后期，创制了回归年长度为三百六十五又四分之一日的古四分历，并且将十九年七闰的置闰方法应用于历法。据考证，这一回归年数值与现代的数值相比只多了十一分钟，可以说极为精准。罗马人采用的儒略历数值与此相同，但是比我国晚了五个世纪。古四分历和十九年七闰的运用，标志着我国历法已经进入了相对成熟阶段。

二十四节气是我国古代伟大的天文学成就之一，也是我国古代历法中所特有的部分，战国时期已基本形成。

二十四节气能够精准反映季节的变化，对我国的农业起着重要的指导作用。

在天文观测中，这一时期出现了哈雷彗星。《左传·文公十四年》记载："秋七月，有星孛入于北斗。"这里的"星孛"指的就是彗星，这是世界上公认的关于哈雷彗星最早的记录。

春秋战国时期还出现了甘公、唐昧、尹皋、石申等四位大名鼎鼎的天文学家。《史记·天官书》记载："在齐，甘公；楚，唐昧；赵，尹皋；魏，石申。"其中，以甘公和石申的成就最高。

甘公名甘德，战国时期齐国人（一说楚国人），著名天文学家，著有《天文星占》八卷，今佚。甘德在天文仪器极其匮乏的年代，通过肉眼观测到了木星的一颗卫星——木卫三。这比意大利著名天文学家伽利略使用天文望远镜观测到的早了近两千年。

石申，又名石申夫，战国时期天文学家，著有《天文》八卷，今佚。石申发现了火星、金

星逆行的现象。他与甘德测定了黄道附近恒星位置的间距，以及其与北极的距离，并制作了世界上最早的恒星表。后世为了纪念石申，在月球背面的环形山中选取了一座，以石申的名字命名。

石申的《天文》八卷与甘德的《天文星占》八卷合称《甘石星经》，这部著作在中国天文史和世界天文史上都占有重要的地位。但传世的《甘石星经》已非石申和甘德的原著。

春秋战国时期是我国天文历法的繁荣时期，天文历法的成就更是不胜枚举。这些成就为后世天文学家研究天文历法提供了极大的帮助，对中国天文历法的发展有着重要意义。

三、秦汉时期的天文历法成就

秦汉时期大一统中央集权国家的建立，使得天文历法得到了长足发展，不仅初步形成了我国传统的天文学体系，还涌现出一批卓越的天文学家。

秦始皇统一六国建立秦朝后，开始在全国推行颛顼历，以十月为每年首月，于年终进行置闰。这一历法一直到汉朝初年仍在使用。

随着时间的推移，颛顼历的误差越来越大，修订历法迫在眉睫。元封六年（前 104 年），汉武帝命公孙卿、司马迁等人制定新历。此次改历共有二十余位天文学家参加，包括邓平、司马可、侯宜君，以及民间天文学家唐都和落下闳等人。他们共提出了十八种改革历法的方案，并进行了讨论与研究，最终选定了邓平的方案，形成了太初历。

太初历是中国历史上第一部有完整文字记载的历法。这部历法首次将二十四节气编入其中，将岁首由夏历十月改为正月，还对回归年和朔望月进行了调整。虽然太初历依旧采用十九年七闰的置闰方法，但却一改以往年终或年中置闰的情况，而是将不含中气的月份作为闰月。时至今日，这种置闰方法依旧为人们所采用。

为了满足编制太初历的需要，落下闳还制造了专门用于观测天象、测量角度的天文观测仪器——浑仪。浑仪是以“浑天说”为理论基础制造的。关于“浑天说”，东汉科学家张衡在《浑天仪注》中做出如下解释：“浑天如鸡子，天体圆如弹丸，地如鸡中黄，孤居于内，天大而地小。天表里有水，天之包地，犹壳之裹黄。天地各乘气而立，载水而浮。”

张衡的“浑天说”否认“盖天说”中的天圆地方理论，认为天与地就是蛋壳与蛋黄的关系，所以天与地一样都是圆形的。此外，张衡还解释了月食的成因，认为“当日之冲，光常不合者，蔽于地也，是谓闇虚，在星星微，月过则食”。之所以会发生月食这种现象，是因为地球转到了月亮前面，挡住了太阳光。张衡也成为世界上最早对月食现象做出解释的人。

秦汉时期，关于天象的记录内容已经相当完善。《汉书·五行志》曾记录过一次关于太阳黑子的天象："河平元年（前 28 年）三月己未，日出黄，有黑气，大如钱，居日中央。"这里对黑子出现的时间、形象、位置、大小均做了明确的记录。这些详尽的记录为后世研究古代天文历法提供了极为珍贵的文献材料。

秦汉时期我国的天文历法得到了长足发展，逐步形成了独特的天文历法体系，对后世产生了深远影响。

四、魏晋南北朝时期的天文历法成就

魏晋南北朝时期，我国古代天文学取得了一系列显著成就，被誉为古代天文史上的“黄金时代”。

自东汉灭亡以后，我国古代社会再次进入分裂动荡时期。长期的政权割据，致使社会动荡不安，但也带来了民族大融合，使生产技术、科学技术得以广泛交流，从而促进了科学技术的发展。魏晋南北朝时期的天文与历法正是在这种动荡的形势下蓬勃发展的。

这一时期天文历法的成就之一便是岁差的发现。岁差是指在天体引力的作用下，地轴绕黄极缓慢移动，引起相应的春分点沿黄道西移，造成回归年短于恒星年的现象。

早在西汉时期，刘歆就已经敏锐地察觉到冬至的位置在不断变化，但他也只是觉得可疑，并未敢推翻前人的研究成果。东晋时期，虞喜在前人研究的成果上继续进行观测。他将每年同一时节星辰出没的时间与之前所记录的时间进行比对，发现恒星出没的时间每年都在提前，由此发现了岁差现象。

《新唐书》记载："古历，日有常度，天周为岁终，故系星度于节气。其说似是而非，故久而益差。虞喜觉之，使天为天，岁为岁，乃立差以追其变，使五十年退一度。"虞喜通过不断研究，得出了"天为天，岁为岁"的结论，也就是说，人们肉眼所见的太阳运行一周与太阳从冬至点又回到冬至点的一岁的轨迹并不相同。由于岁差的存在，太阳在运行了一年后，并未回到原来恒星间的位置。虞喜根据往年的记录，推算出了每五十年退一度的岁差值。（地球绕太阳一周所需的时间在天文学中被称为"恒星年"，太阳两次经过冬至点的时间间隔被称为"回归年"，两者相差的数值即为岁差值。）

另外，祖冲之创制的《大明历》也是这一时期突出的天文历法成就。《大明历》完成于刘宋大明六年（462 年）。与前朝历法相比，它主要有以下优势：其一，首次在历法计算中引入岁差。这是历法史上的创新。其二，《大明历》计算出的数据极为精确。祖冲之测定回归年长度为365.242 814 81日，与现代天文学测定的仅相差五十秒；测定朔望月的长度为29.530 9日，这与现代科学测定的朔望月长度相差不到一秒。其三，改革置闰法，将十九年七闰改为三百九十一年一百四十四闰。大明历的创制，使历法更加精确，是我国第二次较大的历法改革。

祖冲之在完成《大明历》后，将其献给了宋孝武帝，请求审核并予以颁行，但却遭到权臣戴法兴的激烈反对。直到祖冲之去世，《大明历》都未得以施行。梁武帝天监九年（510年），祖冲之之子祖暅再三上书，《大明历》才得以正式颁行。

五、隋唐时期的天文历法成就

隋唐时期，天文历法也有很大的发展，这一时期涌现出一批优秀的天文人才，如刘焯、张胄玄、李淳风、一行等。他们在总结前人天文历法研究成果的基础上，努力探索，不断创新，推动着我国古代天文历法继续向前发展。

隋朝时期所用历法较多，时常更改。隋朝建立之初沿用北周的《大象历》，后又改用《开皇历》《大业历》等历法。但朝廷颁行的这些历法，均逊于著名经学家、天文学家刘焯制定的《皇极历》。

《皇极历》于开皇二十年（600年）写成，虽未颁行，但却优于《大业历》，是当时极具进步性的一部历法。在《皇极历》中，刘焯推算“五曜”的具体方位和日食、月食的起运时刻时，首次将太阳视差运动的不均匀性考虑在内，并在历法计算中用定朔法代替了平朔法。同时，他还创立了二次差内插法，计算定朔的校正数。

定朔法与平朔法是我国古代确定每月第一天的计算方法。其中，平朔法根据月相变化的周期长度来确定月首，将新月（朔）出现的那一天作为初一。但是平朔法没有考虑到日月运行的差距，因此这样制定的历法是存在偏差的。为了更好地解决这一问题，古代天文学家研究出了定朔法。

定朔法将太阳黄经与月球黄经相同的时刻（日月合朔）称为“朔”，以朔日为每月的初一，又将回归年划分为二十四节气，在缺中气之月置闰。这种方法充分考虑了日月运行的差距，是我国天文历法史上的一项重大突破。此外，刘焯还在《皇极历》中首次提出日食并非不祥之兆，只是一种天文现象的观点。

唐初沿用隋朝《大业历》。武德二年（619 年）又颁用傅仁均的《戊寅元历》。这是中国历史上第一个在民用历中采用定朔法的历法。唐高宗麟德二年（665 年）起，朝廷颁用李淳风编制的《麟德历》。开元九年（721 年），李淳风的《麟德历》对日食的预报也变得不准确，于

是唐玄宗便命令一行主持编制新的历法。

一行在天文历法方面成就颇多。他在刘焯《皇极历》的基础上，制定了《大衍历》。《大衍历》较为准确地反映了太阳在黄道上视运行速度变化的规律，并且运用"定气"的概念分析太阳运动，重新划分了二十四节气。

唐朝时，《大衍历》作为当时世界上较为先进的历法，相继传入日本和印度，并对两国的历法发展产生了极为深远的影响。

一行在修订《大衍历》的过程中，为了更清楚地了解日、月、星辰的运行规律，便与梁令瓒合作，制作了观测天象的浑天铜仪和黄道游仪。这两个仪器的精密程度与前朝相比有了很大提高。

通过使用浑天铜仪和黄道游仪观测天象，一行还发现了前代天文学家未曾发现的天文现象。此前，天文学家认为恒星是静止不动的，但一行使用浑天铜仪和黄道游仪重新测定了一百五十多颗恒星的位置，以及二十八星宿距离北天极的度数，发现恒星是在不断运动的。这也让一行成为发现恒星运动的第一人。

为了制定更加精准的历法，一行于开元十二年（724 年）至开元十三年（725 年）间，组织在全国各地进行大地测量，由此测定了地球子午线一度的长度为三百五十一千米八十步。这是前所未有的开创性成就。

我国古代天文历法依托隋唐时期大一统的土壤，得到了极大的发展。隋唐时期天文学的发展，进一步强化了我国天文学的体系，促使我国古代天文历法逐渐走向成熟。

六、宋元时期的天文历法成就

宋元时期，我国天文历法取得了辉煌成就。宋代改历之频繁，为历朝历代所罕见；元代则编制了具有划时代意义的《授时历》。

宋代，中国科学技术思想大兴，天文学也得到了快速发展，国家历法更替极为频繁。北宋时期，统治者颁行了九个历法；南宋时期，统治者颁行了九个历法。另外，还有《至道历》《乾兴历》《十二气历》等因故未用的历法。

宋代在天文仪器方面取得了重大突破。太平兴国四年（979 年），张思训制成了太平浑仪，又名“水运浑象”。至道元年（995 年），韩显符制造了至道仪。元祐年间，苏颂、韩公廉等人制作了水运仪象台。这是一台大型多功能自动化天文仪器，高约十二米，宽约七米，利用一套齿轮来维持机器的运转，既能演示、观测天象，又能计时、报时，被誉为世界上最早的天文钟。除此之外，沈括主持制造了新的浑仪。周琮等人改进了圭表。燕萧发明莲花漏，使漏壶的时间计量精度达到了前所未有的水平……

除了天文仪器，宋代还取得了许多处于世界领先水平的天文成果。比如，北宋年间进行过多次大规模的天文观测，并做了详细记录，为后世天文历法的研究提供了宝贵的资料；至和元年（1054 年）对金牛座超新星爆发的观测和记录，以及治平三年（1066 年）对哈雷彗星的观测和记录，都在世界天文史上留下了浓墨重彩的一笔。

元朝时期也取得许多天文历法成就，其中最突出的就是颁行了《授时历》。元朝建立后，沿用的是祖冲之编制的《大明历》。此历至元朝时期已施行了上百年，因此存在着巨大的误差。基于此，至元十三年（1276 年），元世祖忽必烈命许衡、王恂、郭守敬等人编制新历法。几人在历时四年的研究和测算后，编制了《授时历》。

《授时历》测定一个回归年的长度为 365.242 5 日，与今日全世界通行的《格里高利历》在精确度方面不相上下。但《格里高利历》于 1582 年才开始使用，比元朝的《授时历》晚了三百余年。

《授时历》代表了我国古代历法的最高成就，也是我国古代使用时间最长的历法。从元朝颁布开始，至清朝初年为止，在这三百六十多年中，中国通行的历法实际上一直都是《授时历》，只是使用的名称有所不同而已。

郭守敬的天文成就，标志着我国天文历法发展至元朝已经到达顶峰。时至今日，宋元时期的这些天文历法成就仍然是我国弥足珍贵的文化瑰宝。

七、明清时期的天文历法成就

明清时期，随着海禁政策和闭关锁国政策的施行，我国古代天文历法的发展一度陷入停滞状态。不过，即使面对这样的形势，依旧有一些为科学献身的天文学家为我国天文历法的发展作出了突出贡献。

明清时期，统治者为了加强对人民的思想控制，开始以八股取士，划定“四书”“五经”为考试范围，将人们牢牢束缚在“四书”“五经”的牢笼之中。在这种文化背景下，人们根本没心思去研究其他学科。

明朝沿用了元朝的《大统历》，并严禁民间研究天文历法。学者沈德符的《万历野获编》记载：“国初学天文有历禁，习历者遣戍，造历者诛死。”由此可见明廷对民间私自研究天文历法管控之严。

这种做法，致使天文历法的发展陷入困境。不过，再严厉的政策也不会扑灭人们对科学研究的热情。以徐光启为首的科学家们，依然在为我国天文历法的发展奉献着自己的光和热。徐光启是明朝时期的著名科学家，毕生致力于研究数学、天文、历法、水利等，著有《农政全书》等。

明朝中叶以后，随着传教士来华，西方的一些天文知识传入中国，徐光启得以对西方新兴的天文学进行深入研究。崇祯二年（1629 年），钦天监推算日食发生错误，徐光启受命重新修订历法。

这次历法的修订与以往不同，徐光启特邀传教士参与其中，最终于崇祯七年（1634 年）全部完成了《崇祯历书》的修订。虽然《崇祯历书》中记述的都是欧洲一些落后的天文学理论，但在当时依旧具有划时代的意义，标志着我国开始吸收西方近代天文学知识，突破了我国传统天文历法的范畴。在明朝灭亡之前，《崇祯历书》并未颁行，直至清初由汤若望删改后，才以

《西洋新法历书》之名被清廷采用。

清朝年间，从事天文历法研究的主要有王锡阐、梅文鼎等人。王锡阐对西方历法进行了深入的研究，并对西方历法做出了一些评论。这些评论见于他的《历说》《历策》《晓庵新法序》《五星行度解》等著作中。

梅文鼎毕生都在从事天文、数学的研究，著有四十多部天文学著作，其中大多是对我国古代历法的评述与研究。梅文鼎对中西历法的异同、得失做了总结，为我国古代历法的发展作出了重大贡献。

王锡阐与梅文鼎的天文研究，促使明代以来日益衰落的古代天文学焕发出勃勃生机。

此外，清政府于 1862 年设立京师同文馆，并于 1866 年在同文馆中增设天文算学馆，聘请数学家李善兰为总教习。李善兰和伟烈亚力合译了《谈天》一书，详细介绍了西方近代天文学知识。至此，西方近代天文学知识已系统传入了我国。

第五章

古代
天文仪表

一、度量日影长度的圭表

人类早在数千年以前就开始了对日、月、星辰的观测，其中，对太阳的观测是古代天文学家较重要的天文观测之一。人们很早就发现太阳的规律运动可以用于计时，并借此发明了度量日影长度的圭表。

人类在与自然共处的过程中，发现房屋、树木在太阳的照射下会投射出影子，而且这些影子的变化具有一定的规律。基于此，古人发明了度量日影长度的工具——圭表。

圭表由圭和表两部分组成。圭指的是水平放置于地面的标有刻度的标尺，主要用于测量影长。表指的是垂直于地面的直杆。表放置于圭的南端，并且与圭面垂直。圭表为正南正北方向放置，太阳照射表时所形成的日影正好落在尺上，这样便可以精准测得日影长度。后文提到的日晷，就是在圭表的基础上演变而来的。

关于圭表究竟诞生于何时，已经无从考证。2002 年秋，考古学家在距今四千余年的陶寺遗址中发现了圭表的实物，这是我国目前发现的最早的圭表实物。圭表的发现说明早在四千年以前，先民就已经开始使用圭表来测量日影了。

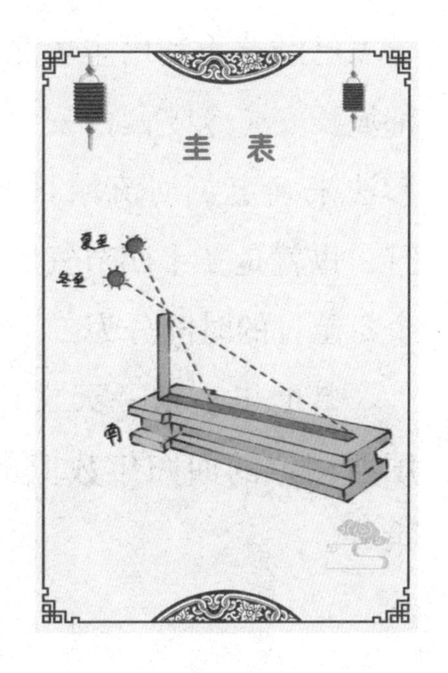

1997 年，考古学家在安徽阜阳发掘西汉汝阴侯墓时，发现了用于测量正午日影长度的圭表。这是我国发现的最早具有确定年代的圭表。

元朝至元年间，为了编订新历法，郭守敬对圭表进行了改良，以提高其测量日影的精准度。郭守敬建造了一座观景台，并以这座高耸的城楼式建筑为“表”。他还在地面上建造了一个类似长堤的建筑，用于测量日影长度，此即是“圭”。在城楼建筑上还建有一个平台，上面有两间屋子，一间用来放漏壶，一间用来放浑仪。郭守敬建造的这座观景台，用途极为多样，既可用于天文观测，也可用于测量日影。

圭表最重要的作用便是测定节气。西汉时，一些天文学家已经着手利用圭表测日影来确定二十四节气。西汉的都城长安（今陕西西安）属黄河流域。天文学家用圭表测影法来确定黄河流域日影最长的那天，并将其作为冬至日，也就是二十四节气的起点。然后又将此冬至日到下一个冬至日的时间分为二十四段，以此来划定二十四节气。

借助圭表这一天文仪器，在很长的历史时期内，我国所测定的回归年数值都极为准确，且精准度位居世界第一。

日晷是古代的一种计时仪器，“晷”有影子的含义，日晷意为“太阳的影子”。人类使用日晷的历史极为悠久，早在六千年前，古巴比伦人就开始使用这种计时工具。我国关于日晷的最早的文献记载是《隋书·天文志》。

日晷也有“日规”之称，是古人利用日影测时的一种工具。《隋书·天文志》记载：“至开皇十四年，鄜州司马袁充上晷影漏刻。充以短影平仪，均布十二时辰，立表，随日影所指辰刻，以验漏水之节。”

日晷最早出现在哪个朝代，现在还没有充足的史料可供考证。我国现存最早的日晷实物，是1897年在内蒙古自治区托克托出土的西汉石制日晷。据此可判断，西汉时人们已经开始使用日晷来计时，但日晷产生的年代或许还要更早一些。

日晷由晷面和晷针两部分构成。晷面被安放于石台之上，呈南高北低，这样做是为了使晷面与天赤道面（赤道平面与天球相截所得到的圆面）平行；晷针垂直穿过晷面中心，上端正好指向北天极，下端指向南天极。

晷面标刻了子、丑、寅、卯、辰、巳、午、未、申、酉、戌、亥十二个时辰。当太阳照射到晷针时，日影就会映射在晷面的刻度上，人们便可以测得较为精准的时间。

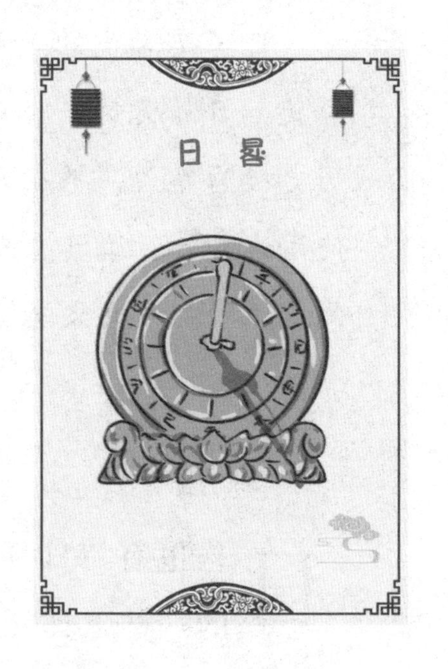

晷针在太阳的照射下，其影子一直处于不断变化之中。一是影子的长短变化，清晨时分日影长，而后随着太阳的运动，日影逐渐缩短，等到过了正午，日影再次变长。二是影子方向也会发生改变。随着太阳自东向西的转动，晷针的影子也在由西向东移动。

日晷和我们如今使用的钟表很相似，一直移动的影子就好像指针，而晷面则是钟表的表面，以此来计算精确的时间。

根据晷面所放位置、摆放角度、使用地区的不同，日晷可分为地平式、赤道式、子午式等多种。日晷不仅能够显示时间，还能够显示节气和月份，用途较为多样化。但是在没有太阳的时候，它便失去了作用。

利用日晷来计时可以说是人类在天文研究领域的一项重大发明。这种计时方法被使用了千年之久，对人们的生活产生了重要的影响，是人们探索宇宙的智慧结晶。

三、水力发动的漏水转浑天仪

浑天仪是浑仪和浑象的总称。浑仪是测量天体球面坐标的仪器，而浑象则是演示天象的仪表。漏水转浑天仪，是张衡发明的一件天文仪器，是有史记载的世界上第一架用水力发动的天文仪器。

我国最早的浑象是西汉天文学家耿寿昌发明的。东汉元初四年（117 年），张衡在耿制浑象的基础上，发明了观测精确且功能全面的漏水转浑天仪。

漏水转浑天仪，简称“浑天仪”，属于水运浑象，由两级漏壶和浑象构成。浑象为一个直径四尺多的铜球，球上刻有二十八星宿、中外星官，以及黄道、赤道、二十四节气等内容。漏壶为铜制，由两个泄水壶组成。通过一套传动机械装置将浑象与漏壶结合，漏水转浑天仪便可以运转起来。

浑天仪的工作原理是，通过漏壶漏水来控制浑象，使浑象与天球同步转动，以此来显示星空的周日视运动，比如恒星出没与中天（星体由东向西运行，通过子午圈时，便为中天）等。

此外，它还有一个附属机构，名为瑞轮蓂荚（一种机械日历）。张衡通过模仿传说中的一种神树蓂荚，制成了瑞轮蓂荚。瑞轮蓂荚同样通过流水来进行驱动，每月初一至满月期间，每天会出现一片叶子，至满月共有十五片叶子；满月至月末期间，每天又会收回一片叶子，直到月末收回所有叶子，如此循环往复。

张衡是“浑天说”的信奉者和捍卫者，他发明的漏水转浑天仪正是以“浑天说”作为理论支撑的。漏水转浑天仪对后人发明天文仪器有着重要的借鉴作用，唐朝的一行、梁令瓒，宋朝的苏颂，都在张衡的漏水转浑天仪的基础上，研制出了更复杂、更完善的天文仪器。

漏水转浑天仪还是世界上有明确历史记载的第一架水力发动的天文仪器。遗憾的是，由于年代过于久远，漏水转浑天仪的实物并没有流传下来。如今陈列在南京紫金山天文台的浑天仪为明朝时期制造。

虽然漏水转浑天仪并未保留下来，但是张衡对于中国天文事业的贡献是不可磨灭的。为了纪念张衡，国际天文学联合会将月球上的一座环形山命名为“张衡环形山”。1977 年，国际天文学联合会又将太阳系中 1802 号小行星命名为“张衡星”。

四、测验地震的候风地动仪

中国是一个地震多发的国家，《竹书纪年》《五行志》等典籍中都有关于地震的记载。东汉时期的科学家张衡鉴于地震的频繁发生，发明了世界上第一台监测地震的仪器——候风地动仪。

地震这种自然灾害自古就存在。《竹书纪年》中就有关于地震的记载：“帝发七年，陟，泰山震。”这是夏朝时期的一次地震记载，也是我国史书中关于地震最早的记录。

东汉年间，地震灾害频发，仅汉和帝永元四年（92年）至汉安帝延光四年（125年），史书中就记载了二十六次地震。频繁的地震使房舍倒塌、地裂山崩、人畜受伤，给人们带来了不可估量的损失，也引起了一片恐慌。

由于古人认知有限，他们只能将频繁发生的地震解释为上天震怒。因此，每逢地震发生，皇帝就会罢免一些官员，以示对上天警示的重视。为了帮助皇帝迅速地掌握地震消息，东汉科学家张衡孜孜不倦地进行研究，终于在阳嘉元年（132 年）研制出我国第一台监测地震的仪器——候风地动仪。

候风有“候气”之意，由于古人认为地震是由地下“气”的变动所引起的，因此张衡研制的这款地动仪被命名为“候风地动仪”。

候风地动仪用精铜铸造，形似酒樽，表面刻有篆文及山、龟、鸟、兽等图案。地动仪主要由位于仪器中间的都柱和其周围的八组牙机装置构成。牙机由一对杠杆组成，水平的杠杆负责龙口开合，直立的杠杆负责牙机的触发。地动仪的外部均匀分布着八个龙头，按东、南、西、北、东北、东南、西北、西南的方向排列，每条龙嘴里都衔有一颗铜珠。地上与龙嘴相对的地方，分布着八个铜制的蟾蜍，呈仰头张嘴姿态。如果某地发生地震，地动仪就会有所感应，从而触发牙机装置，发生地震方向的龙嘴里衔着的铜珠就会掉落至蟾蜍嘴里，人们因此就可获知哪个方向发生了地震。

候风地动仪只能监测地震发生的方位，并没有预测地震的功能。关于张衡发明的候风地动仪，《后汉书·张衡传》中还记载了这样一件事。

候风地动仪制作完成后放置于洛阳灵台，永和三年（138 年）二月的一天，地动仪正朝西方的龙嘴中的铜球突然掉落，这说明西部有地方发生了地震。但是那天都城附近没有一丝地震的迹象，于是人们就开始议论，说张衡发明的地动仪完全不准。谁知过了几天，陇西（今甘肃南部）一带有人来报，说当地发生了大地震，大家这才认可了张衡发明的候风地动仪。

如今，候风地动仪已经失传一千多年了，流传下来的只有简单的文字记录，但其仍被视为中国古代伟大的发明之一。

五、精准计时的莲花漏

莲花漏是古代的一种计时工具，在很多文学作品中都出现过。例如，北宋词人毛滂的《玉楼春·己卯岁元日》写道："一年滴尽莲花漏，碧井酴酥沈冻酒。"清代词人纳兰性德在《眼儿媚·中元夜有感》中亦曾提及："莲花漏转，杨枝露滴，想鉴微诚。"

莲花漏由北宋仁宗时期一位名叫燕肃的官员在漏壶的基础上改制而成，在当时应用极为广泛。

在钟表未出现之前，我国古代一直都以漏刻计时，汉代有漏壶，唐代有浮箭漏刻，宋初也沿用唐代的浮箭漏刻来计时。但浮箭漏刻存在误差较大和计时不准确的弊端，基于此，燕肃开始研究新的漏刻。在不断尝试后，他终于研制出了莲花漏。之所以将这一漏刻命名为"莲花漏"，是因为漏刻顶端为莲花样式。

天圣八年（1030年），燕肃将莲花漏的制作方法呈给宋仁宗，得到了他的认可。于是，朝廷令司天台刻于钟鼓楼下，“州郡试用，以候昏晓”，这样便可以精确地推知节气和昼夜时间的变化。此后，燕肃每到一处做官，便会将莲花漏的制作和使用方法刻于当地石碑之上，方便百姓自行制作。

景祐三年（1036年），由于燕肃发明的莲花漏制作简单且计时精准，宋仁宗正式发布诏令，开始在全国推行使用莲花漏。

莲花漏本质上就是一种浮漏，由供水壶和箭壶两部分构成。箭壶顶部有一莲叶形盖，盖中间有一小孔，孔中可插入带有刻度的木制浮箭。供水壶分为上匮和下匮。上匮位置最高，下匮其次，箭壶最低。上匮与下匮、下匮与箭壶之间均用渴乌（过水的细管）连接，通过渴乌可以将供水壶中的水注入箭壶。下匮侧面有一小孔，连接有一根竹注筒，竹注筒的另一端为减水盎。当水高于小孔时，水会顺着竹注筒流入减水盎里。这样，下匮中的水一直保持在小孔高度，使箭壶中水平面高度和水流的速度保持恒定。箭壶中的水上升后，箭也随之穿过莲心上升，然后人们便可根据箭的刻度来测定时间。

燕肃制造的莲花漏，不仅外形精致美观，计时也极为准确。由于供水壶与箭壶过水的时候采用的是虹吸原理，因此可以使水滴均匀，计时更为精准。

苏轼曾在《徐州莲花漏铭并叙》中给予燕肃高度评价："故龙图阁直学士、礼部侍郎燕公肃，以创物之智闻于天下。作莲花漏，世服其精。凡公所临，必为之。今州郡往往而在，虽然巧者，莫敢损益。"从这一评价中，也可以看出燕肃发明莲花漏的功劳之大。

遗憾的是，莲花漏在元朝时就已经失传。后来，郭守敬将原来的莲花装饰改为宝山的形状，创制出"宝山漏"，并以此作为统一标准计时器。

古代研究天文的诸多仪器都出自郭守敬之手，仰仪也不例外。元朝建立后，郭守敬受命重新修订历法，本着实事求是的原则，在制定新历法之前，重新对天象进行一次大规模观测。想要完成这一工作，就要制作很多精准好用的天文仪器。

仰仪是古代用于天文观测的仪器。它的主体为铜质半球面，直径约一尺二，因外形神似一口仰放的大锅，故得名“仰仪”。

仰仪内部的球面上，篆刻有纵横交错的网格，是经纬坐标，用来确定所观测天体的位置。仪唇（半球面的边缘位置）上刻有一圈水槽，注水后可用于确认仰仪放置地是否水平。仪唇上面还刻有时辰和方位，相当于地平圈（地平面与天球相交而成的大圆）。仰仪的正南方有南北向和东西向的两根杆子，名为“缩杆”，呈十字交叉状摆放。

南北向的缩杆延伸至仰仪的中心位置，最北端装有一块能够任意旋转的小方板，名为“璇玑板”，璇玑板的中央凿有中心小孔。

仰仪是根据小孔成像的原理来观测天象的。即将璇玑板正对太阳，太阳光通过小孔成像投射到刻有经纬坐标的球面上，这样便可以读出太阳的经纬坐标。关于小孔成像的最早记载见于《墨经》。小孔成像在古代被称为“影”。沈括《梦溪笔谈》记载：“鸢东则影西，鸢西则影东。”利用小孔成像原理来制作天文仪器，在当时是绝无仅有的，郭守敬算是如此操作的第一人。

仰仪还可以用于观测日食。日食发生时，将璇玑板上的小孔对准太阳，日食的形状便会映射在球面上，观测者就可以轻易读出太阳的位置和形状了。利用仰仪可以清楚地观测到日食发生的全过程，因此它又被称为“日食观测工具的鼻祖”。

仰仪不仅解决了人们仰观天象的不便，还减小了直接用肉眼观察太阳可能受到的眼部伤害，既可以测得太阳坐标，又可用于

观测日食，实为一件用途广泛、使用方便的仪器。仰仪后来还走出国门，传至朝鲜和日本。17 世纪朝鲜制造的仰釜日晷，其设计构想正是受到了我国仰仪的启发。

仰仪是我国古代的伟大发明，是我国天文史上独一无二的文化符号。遗憾的是，随着朝代的更迭，仰仪已经不复存在。幸好北京天文馆的学者根据仰仪的形式和制作原理重新建造了一架仰仪。如今，这架复制品被放置于北京建国门立交桥南的古观象台上，我们可以在此一睹它的风采。

七、简仪——唐宋浑仪的进阶版

为了精准地确定天体的位置，中国古代的天文学家一直致力于研究测量精准度更高的仪器。简仪是郭守敬发明的一台测量天体位置的仪器，因其由前朝的浑仪简化而来，故名。

浑仪是以“浑天说”作为理论依据研制的一种天文观测仪器，由西汉天文学家落下闳发明。关于浑仪详细结构的记载最早见于《隋书·天文志》。

浑仪的基本结构包括四游仪、三辰仪、六合仪等几部分。最里面的是四游仪，由窥管和四游环组成，窥管是一根中空的管子，也有“望管”之称，相当于一个没有镜头的天文望远镜，主要用于观测天象；中间为三辰仪，由赤道环、黄道环和白道环构成，上面均标有刻度，可用于测定坐标；最外面一层为六合仪，由地平、子午、赤道三环构成，固定不动，作为浑仪的支架。

从汉代到北宋，为了提高观测功能，浑仪的环数不断增加，结构也渐趋复杂。可环数过多，会遮挡观测视野，给观测带来许多不便。为此，许多天文学家尝试减少环数，并最大限度地保留其观测功能，但都以失败告终。

元至元十三年（1276年），天文学家郭守敬终于研制出一款既精简了浑仪的结构，又保证了观测功能的天文仪器——简仪。

简仪是在唐宋浑仪的基础上发展而来的，是唐宋浑仪的简化版。它是一架复合天文观测仪器，由两套独立的仪器构成，分别是赤道经纬仪和地平经纬仪。其中赤道经纬仪是简仪的主要部分。

制作简仪时，郭守敬对赤道经纬仪的环数进行了简化，放弃了原来浑仪中的白道环和黄道环，只保留了赤道环、地平环和四游环，而且不再用地平环与赤道环做外围支架，而是将它们挪至四游环的南端。如此一来，四游环上方的遮蔽物减少，可观测的范围一下子就扩大了。

地平经纬仪又叫“立运仪”，由阴纬环和立运环构成，能够测量地平高度和地平方位。

在元代以前，天文观测仪器的最小刻度为四分之一度，但简仪却可以精确到十分之一度，估读甚至可达二十分之一度，其精确程度大大提高。

简仪是中国天文史上一项伟大的创造，是当时中国乃至世界最为先进的技术。直到 1598 年，丹麦天文学家第谷才发明出了类似的装置，比我国晚了三百余年。遗憾的是，郭守敬发明的简仪于清朝初年被毁，如今放置于南京紫金山天文台的简仪是明正统四年（1439 年）的仿制品。

第六章

古代少数民族的天文历法

一、壮族的星象知识

农业的发展要以天文和历法为指导。壮族人民在还未创制系统的历法之前，正是通过观察星象与物候来掌握时令、指导农业生产的。他们很早便掌握了一定的星象知识。

中国是一个多民族国家，少数民族呈大杂居、小聚居分布。壮族是我国人口最多的一个少数民族，在全国三十一个省、自治区、直辖市中均有分布。其源于先秦时期居住于岭南一带百越部落中的西瓯、骆越。

星象是古人认识世界的重要手段，壮族与汉族仰望的是同一片星空，因此观测到的星象也大同小异。但是在为星象命名方面，壮族却自成一派，颇有本民族的独特风格。

北斗星因形似戽水用的农具，所以被壮族人民称为“戽斗星”。但也有人认为它有点像耕田用的犁头，因此北斗星也有“犁头星”之称。在壮族人民眼中，北斗星的名称总是离不开农具的形状。确实，这也是他们判断农耕季节的重要依据：如果黄昏时“犁头”指向东南方，春耕的季节便到了。

在壮族，牛郎星也有着不同的称谓。壮族人民将牛郎星称为“扁担星”。因为牛郎星中最亮的为牛郎，两边的小星星好像牛郎用扁担挑着的一儿一女，所以壮族人将其称作“扁担星”。

银河中最神秘的昴星团，在壮族人民眼中，因神似猪笼而得名“猪笼星”。人们常用其来确定时令。壮族中至今还流传着关于猪笼星的谚语：“七区，八歪，九斜，十没落。”大概意思是：在黎明时分，如果猪笼星出现在夜空的最上方，即中天时，为农历七月；如果出现在偏西约30°的地方，则为农历八月；如果出现在偏西约60°的地方，为农历九月；如果在西边地平线上方已经杳无踪迹了，就说明农历十月到了。

壮族人民很早就有了观象辨时的意识，这从广西一带出土的铜鼓上就能看出来。古代壮族人民铸造的铜鼓鼓面中心有一个发光体，代表太阳；发光体四周有向外辐射的光芒图案，芒数有八芒、十芒、十二芒、十四芒等。发光体图案与光芒合称“太阳纹”。

这些太阳纹发展到冷水冲型铜鼓后，就固定为十二芒，自此不再变动。十二芒代表的正是一年的十二个月，这也从侧面说明壮族在很早的时候就将一年划分为十二个月了。

壮族人民通过星象变化来测定时令的做法一直延续到现在。虽然有些星象知识已经落后，但不可否认的是，这些星象知识在中国天文学发展史上占有重要的地位。

二、傣历与行星运动

傣族是一个有着悠久历史和文化的民族。在漫长的发展演变过程中，傣族人民通过对日、月、星辰的观测与研究，制定了本民族的历法——傣历。

傣族广泛分布于云南省的西部与西南部。这里地处亚热带地区，气候温和，雨量丰富，原始森林密布，对外交通极为不便，在古代，几乎与外界隔绝。正是因为较少受到外来文化的影响，傣族才形成了独具民族特色的天文历法体系。

傣历历史悠久，但现在我们所提到的仅为现行的傣历，用傣语来表达为“萨哈拉乍”或“祖腊萨哈”，俗称“祖腊历”或“小历”。傣历与汉历一样，采用的是阴阳合历。在傣历中，一年同样为十二个月，但无四季之分，而是分为冷、热、雨三个季节，每个季节有四个月。在一年中，单数月为三十天，双数月为二十九天，每隔四年或五年，在八月增加一个闰日，变为三十天，这样一年就是三百五十四天或三百五十五天。傣历实行的是十九年七闰法，皆在九月置闰，也称“闰九月”。置闰的这一年被称为“闰年”，共有三百八十四天。傣历与其他民族的历法相比，特殊之处就在于既设置闰日，又设置闰年。

傣历的月份顺序极其特殊，它并不将一月作为一年的首月，而是以六月为首，以五月作为一年的终结。

傣族也是要过元旦的，元旦在傣语中称“腕叭腕玛”，有“日子之王到来的那一天”的含义。元旦通常置于岁首，按照傣历的月份顺序，一般在六月或七月。例如，1321 年，傣族的元旦是六月八日；1322 年，傣族的元旦为七月一日。由此可以看出，傣族的元旦日期并不是固定的。

有人可能会提出疑问，为什么傣历的元旦日期如此不固定？这是因为傣历中的元旦是依据阳历年长度来推定的，平年三百六十五天，闰年三百六十六天。所以，每一年的元旦在阴历中都要比上一年晚十一天左右。

历法的制定离不开天文观测，傣历亦是如此。傣族人民通过长期对太阳、月亮及金、木、水、火、土五大行星进行观测，掌握了这些天体的运行规律，制定出了历法，用以辨正农时、指导农事。

傣族人民掌握的许多关于行星的知识，都在傣历中有所体现。在傣历中，划定了日、月、星辰运行的轨道——黄道，并将黄道划分为十二段，也就是黄道十二宫。傣族人用傣语为黄道十二宫命名，分别是梅特、帕所普、梅贪、戛拉戛特、薪、甘、敦、帕吉克、塔奴、芒光、谷母、冥。

傣族的天文历法中也有关于二十七星宿的划分。傣族人民将黄道附近的恒星划分为二十七个星空区，名为二十七星宿。二十七星宿比汉族的二十八星宿少一宿，但星宿中所对应的星座基本上没有差别。

三、太阳历与彝族年

彝族是我国第六大少数民族，有着悠久的历史与灿烂的文化。彝族还拥有独具民族特色的天文历法，其中最令人瞩目的便是太阳历与彝族年。

彝族是一个历史悠久的民族，其族系起源可追溯到远古时期，早在那时彝族先民就已经在我国西南地区的土地上繁衍生息了。现如今，彝族主要分布在滇、川、黔、桂地区，民族语言为彝语，属汉藏语系。

彝族拥有本民族独特的历法体系，传统历法为十月太阳历。

太阳历以地球绕太阳的运动作为周期。十月太阳历起源于夏代之前的西羌文明，是彝族先民所创造的一部伟大历法。这一历法将一年划分为十个月，每个月有三十六天，十个月共有三百六十天。十月太阳历按十二生肖轮回纪日，以鼠为每月的第一天，一个属相轮回是十二天，轮回三次就是三十六天，是为一个月，三十个轮回就是三百六十天，是为十个月。

十个月过完后，彝族人在岁末还会再设置五天或六天，作为“过年日”。过年日通常为五天，每三年增加一天闰日，为六天。总的来算，彝族的一年为三百六十五天，如果是闰年，便为三百六十六天。

依据十月太阳历，彝族人将一年分为五个季节，分别用土、铜、水、木、火来表示。而且五个季节还分雌雄，因此一年的十个月还可称为雄土、雌土、雄铜、雌铜……以此类推。此外，彝族也会用动物来代指月份，比如，一月黑虎，二月水獭，三月鳄鱼，四月蟒蛇，五月穿山甲，六月麂子，七月岩羊，八月猿猴，九月黑豹，十月蜥蜴。因此，十月太阳历也有“十兽历”之称。

过年是中华民族的传统，彝族也有独具特色的彝族年，由于其极具文化意义，还被列入了国家级非物质文化遗产。

关于彝族年的来历，流传着这样一个传说。很久以前，有一个名叫俄布科散的彝族人，他的母亲整日闷闷不乐。为了让母亲展露笑颜，他做了许多努力，但都无济于事。有一年秋收后，俄布科散屠宰牲畜敬奉祖先，还邀请邻居、亲人、朋友到家中聚会。他的母亲看见这般热闹的场景，终于露出了久违的笑脸。为了纪念这一天，每年秋收结束后，俄布科散都会举办这样的活动。渐渐地，这种活动就演变为彝族年。

彝族年在彝语中称为“库史”，通常为三天，在每年秋收完成后，于十月中旬至下旬间择一吉日作为年节。在过年的这几天，各家打扫庭院、杀猪宰羊、鸣枪、放炮，妇女唱吉祥歌、舂糍粑、做苦荞馍，男子则成群结队地上门祝贺新年，热闹非凡。

彝族的十月太阳历与彝族年是中国古代天文历法的重要组成部分，也是中华传统文化不可分割的一部分，更是中华文化的瑰宝。即使到了今天，这些天文历法知识也在彝族人民的生活中发挥着重要作用。

四、独具特色的藏历

藏历是藏族的传统历法，是多种历法相融合的产物。藏族人民以本民族的物候历为基础，融合了印度的时轮历及中原地区的历法知识，创建了独具特色的藏历。

藏历的形成经历了一个漫长的过程。在吐蕃建立之前，西藏地区还曾存在过一个古老的国家——象雄古国。象雄人在这片土地上繁衍生息，他们在生产活动中观察自然，月亮的阴晴圆缺、太阳的东升西落、草木的荣枯周期……象雄人将这些内容记录下来，就形成了原始的物候历。

641 年，文成公主入藏，中原汉地的历法由此传入西藏。吐蕃也派遣很多贵族子弟来到中原，学习汉地先进的科学文化。这一时期，中原汉地的五行算法、八卦九宫算法、十二生肖纪年法、六十甲子天干地支算法、二十四节气等在西藏地区流行。710 年，金成公主入藏，又将汉地的五星、七曜、二十八星宿等知识带到了西藏地区。

藏历除了受汉地历法的影响外，还受到了佛教文化的影响。869 年，西藏地区进入了三百余年的分裂时期。同一时期，印度地区的印度教日益兴旺发达，佛教逐渐衰落。为了躲避战乱，许多佛教徒北行来到西藏地区避难，佛教也因此传入了西藏。

与佛教徒一起入藏的，还有他们的历法《时轮经》（亦可称“时轮历”）。时轮历属于印度天文学系统，利用十二宫和二十七星宿来推算天文历法，以白羊宫（春分点）作为一年的起点。这与汉历以冬至点作为岁首有着本质差别。

三种天文历法通过融合与发展，形成了如今的藏历。藏族人民将其命名为“时轮历”，沿用印度历法的名称。西藏地区自 1027 年开始实行时轮历，至今已有近千年的历史。时轮历是一种阴阳合历，它将全年分为十二个月，以寅月（农历正月）作为岁首，有大、小月之分，大月三十天，小月二十九天，共三百五十四天。一年分为四季，按照冬、春、夏、秋的顺序来划分。

藏历采用的是天干地支纪年法。但是与汉历不同的是，它以五行代替了十个天干，即甲乙为木，丙丁为火，戊己为土，庚辛为金，壬癸为水；以十二生肖代替十二地支，即子为鼠，丑为牛，寅为虎，卯为兔，辰为龙，巳为蛇，午为马，未为羊，申为猴，酉为鸡，戌为狗，亥为猪。如此一来，汉历中的甲子年，在藏历中应该称“木鼠年”。干支同样为六十年一循环，藏历中称“饶琼”，与汉历中的六十甲子类似。这是汉族文化与藏族文化相互交融的结果。

此外，西藏的时轮历已经形成了一套完善的日食和月食的推算方法，能够准确判断食限的数值、交食发生的时刻、食延时间等。这在当时的天文学中是一种相当先进的方法。

五、佤族的星月历

佤族主要生活在云南的西南部地区。佤族人民在生产生活中，积累了许多关于天文天象的科学知识，制定了本民族独特的历法——星月历。

佤族是我国少数民族之一，多数聚居于阿佤山区，也就是滇西南澜沧江以西、萨尔温江以东的怒山山脉南段一带。佤族没有通用文字，一般以实物、木刻记事、计数，并传递消息。

佤族先民在长期的生活与实践中，发现了日、月、星辰的变化规律，后来经过长期的观测与摸索，创造出用以指导本民族农业生产和安排社会活动的历法——星月历。虽然佤族没有切实的文字，但这部历法依然通过口耳相传一代一代地传承了下来。

星月历以月亮、木星、地球三者运行会合周期三百六十天为一年，一年分为十二个月。每个月分为三轮，每轮十天。每轮又以九个名称来命名，第一日到第十日的名称分别是“不拉”“黑拉”“脓”“儿龙”“巩”“士龙”“儿来”“门”“哦”“不拉”，由于第一日和第十日的名称相同，如此循环三次就是一个月。

佤族对一月至十二月有本民族独有的称呼。一月称“凯铁”，二月为“凯儿拉”，三月为“凯吕”，四月为“凯崩”，五月称“凯泼安”，六月称“凯柳”，七月为“凯阿柳”，八月称“凯士代”，九月为“凯士顶”，十月为“凯哥”，十一月称“凯哥铁”，十二月为“凯哥拉”。

地球、木星和月亮三者运行会合的这一天被佤族人称为“阿麻星木温”，这一天也是佤族人的岁首日。通常来说，岁首日是新年伊始，应该是值得庆贺的日子，但是佤族星月历中的阿麻星木温却并非如此。阿麻星木温有“星星和月亮打架”的含义，在佤族人眼里是一个不祥的日子，所以他们将这一天视作忌日。这也与佤族的一个传说有关。

相传这个世界上本没有人，是木依吉神在石洞中创造了人。小米雀和小老鼠将洞打通后，人们才从石洞中走出来。谁知石洞门口有一只豹子，先出来的人全被豹子咬死了。后来，小米雀啄豹子的眼睛，小老鼠咬豹子的屁股，这才把豹子赶走，人类也得以从洞穴中走出来。这一天刚好是“阿麻星木温”。

佤族人常用星月历来指导农事活动。一月、二月时，一些佤族妇女需要去收冬荞，其他佤族人则会为迎接新水节、拉木鼓节，以及过年节做准备；三月也称“耐月”，在这个月中，佤族人开始芟地（清除地里的杂草）、备耕；四月也称“气艾月”，佤族人要烧毁地中的杂草，并开始犁地；五月要播种旱谷；六月、七月要集中除杂草；八月、九月要收割早熟的农作物，犁秋地，种小红米、荞子等秋季作物；十月、十一月要收秋；十二月则要种蔬菜和小春作物。

星月历是佤族先民长期劳动经验的积累，也是他们勤劳和智慧的结晶，对佤族人民的农业生产有着重要作用。在星月历的指导下，佤族人的生活变得越来越安稳、富足。

白族人主要分布在云南、贵州、湖南等省，其中大部分人口聚居于我国云南省大理白族自治州。四千年前，在白族聚居的区域就已经诞生了早期的农牧业，当时的白族先民已经掌握了一定的天文历法知识，用来推算农时。

白族是一个历史极为悠久的民族，是秦汉以前由西北地区南下的古羌人的一个分支。这些古羌人迁移到此地后，与土著居民融合，逐渐形成了今天的白族。早在春秋战国时期，白族先民就已经与中原地区产生了联系，他们学习中原的先进文化，并加以创造，形成了自己的文化体系。

白族的天文历法知识，可追溯到原始社会。云南一带的考古发掘表明，早在四千年前的原始社会时期，白族聚居地区就已经有了原始农业的萌芽。大理市马龙的新石器遗址，就出土了大量的农具。考古学家在宾川县白羊村的新石器遗址中，也发现了稻粒。该遗址中墓葬的方向大多为东西向或正南正北向，这表明，白族先民当时已经懂得依据日、月、星辰的变化来辨别方向，并且有了确定季节的方法。

与汉族人一样，白族人也很注重对星象的观测。考古学员曾在大理的千寻塔中发现了一张唐朝时的星座图，上面标有梵文和汉文两种文字，这也从侧面说明，当时的白族文化不仅受到了汉文化的影响，还受到了印度文化的影响。这张星座图上共有三十二颗恒星，经考古学家研究，目前可辨认的只有北斗七星。这张图表明，白族人在唐朝年间已经掌握了一定的星象知识。

白族人也很重视对太阳的观测。与壮族一样，在白族人生活的地方，也出土了许多铜鼓，铜鼓上大多绘有太阳纹。这些太阳纹既是白族先民崇拜太阳的证明，也是人们对季节认识的标志。与汉族一样，白族也采用圭表、日晷等天文仪器来测量日影长度，以此来确定时刻、划分节气。

白族人对月亮也存在原始崇拜，因此他们时常在夜晚观察月亮的运动与变化。清朝时期，白族天文学者李滮使用筹算的方法精准地计算出了月亮不均匀运动在不同时刻的数值，并指出月亮快慢运行是对称的。

无论是对太阳、月亮的观测，还是对星辰的观测，白族人都取得了非凡的成就。这些天文成就在我国少数民族天文历法史中占据着重要地位，是中华文明的重要组成部分。

七、《水书》中的水族历法

水族是我国少数民族之一，相传由古代百越部落中骆越的一支演化而来。水族不仅有着悠久的民族史，还有着完整的天文历法，而这一切均记载在《水书》中。

水族自称“睢（suǐ）”，因发祥于睢水流域而得名，因此民间一直有“饮睢水，成睢人”的说法。后来，唐朝在此地设置抚水州，水族的族名才由“睢”改为“水”，一直延续至今天。水族如今主要聚居于黔桂交界的龙江、都柳江上游地带，贵州省黔南的三都水族自治县、荔波等地，以及黔东南的榕江、丹寨、雷山等地。

水族人在长期的生活实践中积累了许多天文星象知识，创造了本民族的历法——水历，并将其写入了《水书》。《水书》是一部用于指导水族人农牧、渔猎、嫁娶、节庆、丧葬、祭祀及占卜吉凶的奇书。

水族历法是一种阴阳合历，把一年分为十二个月，将六十甲子与二十八星宿，以及金、木、水、火、土五行相配来纪元。水历一年分为“盛”（五月、六月、七月）、“鸦”（八月、九月、十月）、“熟”（十一月、十二月、一月）、“冻”（或“挪”，二月、三月、四月）四个季节，对应农历的春（正月、二月、三月）、夏（四月、五月、六月）、秋（七月、八月、九月）、冬（十月、十一月、十二月），每个季节有三个月。水历采用了农历置闰的方法，实行十九年七闰，并且设置了大小月，大月三十天，小月二十九天。水历并不以正月作为岁首，而是以农历九月作为岁首，水族人称其为“端月”。他们认为农历九月时，秋收已经完成，一年中最忙最累的时候已经过去，人们可以好好休息一段时间了。于是，九月便顺理成章地成为水族人除旧迎新的开始。

“九月节”是水族最为隆重的盛会，也可以说是水族的年节。在这个节日里，男子赛马，女子击铜鼓，众人燃

放鞭炮、饮酒作乐，一时间热闹非凡。

与汉族的历法一样，水历中也划分了二十八星宿，但都有其独有的名称。水历中的二十八星宿依次是蛟、龙、貉、虎、豹、兔、日、牛、蟹、鼠、猪、燕、女人、鱼、狗、雉、鸡、螺、羊、乌鸦、獭、鹅、猴、蜂、马、蜘蛛、蚯蚓、蛇。二十八星宿是水族人推算、观测天体方位的重要依据。

《水书》被誉为研究水族历法的百科全书，是珍贵的历史文化遗存。《水书》中的九星、八宿、天干地支、阴阳等内容是水族先民的智慧结晶，是中华天文历法史上的闪亮明珠。

八、布依族的天文历法

布依族先民在长期的生活实践中，通过观察太阳的东升西落、月亮的阴晴圆缺、冬夏的寒暑交替等天象，制定出了具有本民族特色的历法。

布依族是一个古老的民族，其源自古代的濮越人、夷越人。《华阳国志·南中志》记载："南中在昔，盖夷越之地。"又载："蜀之为国，起于人皇，历夏商周，武王伐纣，蜀于与焉，其地南接于越，东接于巴，西奄峨番，地称天府。"这里的"南中"指的就是今天的贵州省、云南省和四川省南部等地。早在夏商周时期，濮越人、夷越人就已经聚居在这些地区，而这些地区正是如今布依族的聚居地。

汉族将浩瀚无垠的天空称为"天球"，而布依族将天称为"浑"，但不单独使用，常与有球形物体之意的"蛋"连用，称为"浑蛋"。在布依族人的口中，"浑蛋"并不是骂人的话，而是指“天”。生活在“天”之下的人在布依族中也有一个很有意思的称呼，名为“布拉蛋”，意为“生活在圆球物体下的人”。

在布依族人眼中，天并不是只有单一的层次，而是有若干层次，这在布依族的古歌谣中便有所体现。譬如，布依族古歌谣《十二层天十二层海》中就将天分为十二层，日、月、星辰都位于天的不同层次中。

布依族人将星体分为三类：一是“冗闹”，意为光亮而模糊的天体；二是“道的”，意为小而明亮并闪闪发光的天体；三为“大倒”，意为大而明亮的天体。具体来说，“冗闹”指的是彗星等天体，“道的”指的是恒星和星座，“大倒”指的则是行星。这三类天体各有各的特征。

布依族女子

布依族的历法中也不存在四季的概念，他们将季节称为“换”。在布依族，农历的三月、四月为春季，五月、六月为夏季，七月、八月为盛夏，九月、十月为秋季。农历十一月至第二年二月不做季节之分，而是作为探亲访友和过年游乐的时间。

布依族将月称为“丁”，而且月序也与汉族历法中的月序不同。布依族的月份不是按顺序排列的，他们以农历十一月作为岁首，但是并不称“十一月”，而是称“一月”，在一月和二月之间加入了“腊月”（农历十二月）和“过春节月”（农历正月），二月之后才依次为三月、四月、五月、六月、七月、八月、九月、十月。

可以看出，布依族的月序很特别。之所以会这样，是因为原本布依族的历法与农历就不一样，在与汉文化交融的过程中为了保留本民族的特色，布依族人便将前十一月、十二月和一月的顺序及名称做了修改，其他月则与农历保持一致。

后来，布依族将农历十一月过年节改为农历十二月，但依旧有部分布依族人愿意在十一月过年。为了与十二月的大年区分，人们便将十一月的年节称为“过小年”，十二月的年节称为“过大年”。